Driven by Design

VALUES. VISIONS. ŠKODA.
WERTE. VISIONEN. ŠKODA.
HODNOTY. VIZE. ŠKODA.

teNeues

DRIVEN EVERY DAY TO DELIVER OUR BEST
SIMPLE BEAUTY IS GREAT POWER

The power that drives change comes from the fact that ŠKODA imbues their cars with a soul.

THE RECIPE SEEMS SO SIMPLE, as if it came from a Jamie Oliver cookbook. Use the best ingredients, think about what tastes best to you, allow yourself to be inspired by the naturalness, and combine cleverly. In principle, that is exactly what whets the appetite when it comes to automotive design. Vision, function, and emotion converge to produce good taste.

Even more than that, this strong bond is what constitutes the soul of ŠKODA design. The ŠKODA design team is firmly guided by the principle that everything needs a soul – at

DAS REZEPT SCHEINT SO EINFACH, als stamme es aus einem Kochbuch von Jamie Oliver. Nimm die besten Zutaten, überlege, was dir am besten schmeckt, lass dich von Natürlichkeit inspirieren und kombiniere clever. Das ist im Prinzip genau das, was beim Automobildesign ebenfalls Appetit macht. Vision, Funktion und Emotion verschmelzen zu gutem Geschmack.

Mehr noch, diese starke Verbindung macht die Seele des ŠKODA-Designs aus. „Alles braucht eine Seele – zumindest alles, das Bedeutung haben soll“, lautet einer der Grundsätze

RECEPT VYPADÁ JEDNODUŠE, jako od Jamieho Olivera. Vezměte nejlepší suroviny, zamyslete se, co vám nejvíce chutná, nechte se inspirovat přirozeností a správně kombinujte. Přesně tak vzniká i automobilový design. Spojením vizí, funkcí a emocí vytvoříte chuť výsledného výrobku.

A navíc, silné propojení těchto prvků vdechne designu značky ŠKODA duši. Designérský tým ŠKODA se striktně řídí zásadou, že všechno má mít duši, anebo přinejmenším všechno, co něco znamená. Lidé se koneckonců rádi obklopují věcmi, z nichž vyzařuje určité

ANGETRIEBEN DAVON, UNSER BESTES ZU GEBEN
IN SCHLICHTER SCHÖNHEIT LIEGT GROSSE KRAFT

Die Antriebskraft für stetigen Wandel kommt daher, dass ŠKODA seinen Automobilen eine Seele verleiht.

CHUŤ BÝT KAŽDÝ DEN LEPŠÍ
V PROSTÉ KRÁSE JE VELKÁ SÍLA

Síla, která vede ke změně vychází ze skutečnosti, že ŠKODA dává svým vozům duši.

least everything that should mean something. After all, the team believes, people like to be surrounded by things that project a certain charisma. These are the things that add color to life, imbue it with another dimension. And it is not just a rational need. We have to give the car a soul.

ŠKODA launched a new design era with the new Superb. A tremendous amount of power drove this change. Our design stands for breaking with the past to start anew; it is the driving force behind our work.

des Designteams bei ŠKODA. Und weiter: „Schließlich möchten sich Menschen mit Dingen umgeben, die ein gewisses Charisma ausstrahlen, die dem Leben Farbe und eine andere Dimension verleihen. Das ist nicht nur ein rationales Bedürfnis. Also müssen wir dem Auto eine Seele geben.“

Mit dem neuen Superb begann bei ŠKODA ein neues Design-Zeitalter. Gewaltige Kraft trieb diese Veränderung voran. Unser Design steht für Aufbruch, es ist unser Antrieb. Jede Marke hat ihre Träume und ŠKODA fand eine glänzende Lösung, um rationale Werte

charisma. Jsou to věci, které dodávají životu barvu, další rozměr. A není to pouze racionální potřeba. Automobilu prostě musíte dát duši.

Novým Superbem zahájila společnost ŠKODA další éru designu. Loučíme se s minulostí a vytváříme budoucnost; to je ta obrovská síla, která nás žene vpřed. Každá značka má své sny a ŠKODA našla dokonalý způsob, jak propojením racionálních hodnot s emocemi dospět k harmonickému a vyváženému tvaru. Jedině pokud klademe sami sobě a našim klientům správné otázky, mohou na ně naši designéři nacházet správné odpovědi.

»In our cars the materials themselves already contain a fundamental idea.«

Every brand has its dreams, and ŠKODA has found a brilliant solution for combining rational values and emotions in a harmonious, balanced form. Our design process can only provide answers if we ask ourselves and our customers the right questions. The question that goes alongside the entire design journey this book is inviting you to join is always this: What do people expect from a ŠKODA? The expectations are very diverse, but designers have to do more than give things additional aesthetic value. They must define dreams, and they must endow the car with a positive charisma by means of the

und Emotionen harmonisch zu verbinden. Unser Designprozess kann nur Antworten geben, wenn wir uns und unseren Kunden die richtigen Fragen stellen. Die Frage auf der Designreise, zu der Sie dieses Buch einlädt, lautet: Was erwarten Sie von einem ŠKODA? Erwartungen sind sehr verschieden, doch Designer müssen mehr tun, als Dingen einen ästhetischen Mehrwert zu geben. Sie gestalten Träume, verleihen dem Auto eine positive Ausstrahlung. Auch müssen die Sinne immer mal angeregt werden, ohne Widersprüchlichkeit zu erzeugen. Ein Auto braucht einen starken Charakter,

Proces vytváření designu, s nímž se v naší knize seznámíte, provází neustále tatáž otázka. Co lidé očekávají od automobilů značky ŠKODA? Očekávání jsou velmi rozmanitá, designéři však musejí udělat více, než jenom přidat věcem další estetickou hodnotu. Jejich úkolem je přesně uchopit sny a s pomocí designu automobilu vtisknout jasné charisma. Součástí tohoto procesu je občasné podráždění smyslů, vždy je však třeba se vyhnout protikladům. Vozidlo musí mít silný charakter a jednotný ráz, a musí oslovit racionálně smýšlející lidi stejně jako ty více citově založené. V tom spočívá naše

»Schon das Material selbst gehorcht einer Grundidee.«

»V našich vozech je nositelem základní myšlenky již samotný materiál.«

design. Part of it is also to ruffle the senses now and then, but ultimately to avoid antitheses. A car must have a strong character, be made from one mold, and it has to inspire emotional as well as rational people. That is our key responsibility. If you connect surprisingly simple functions and emotions in an inventive way, your design takes on a human character.

Ideas become matter in automotive design; in ŠKODA cars, the material itself already contains a fundamental idea. This idea takes us to the tradition behind

muss aus einem Guss sein und emotionale sowie rationale Menschen begeistern. Das ist unsere Hauptaufgabe. Wenn man fantasievoll einfache Funktionen und Emotionen verbindet, nimmt das Design menschliche Eigenschaften an.

Im Automobildesign materialisieren sich Ideen; bei ŠKODA enthält das Material selbst schon eine Grundidee. Das erinnert an die Tradition des böhmischen Bleikristalls. Könnte man das ŠKODA-Design mit einem Wort beschreiben, hieße dieses: kristallen. Die Schönheit des kristallenen

hlavní odpovědnost. Dokážete-li vynalézavě spojit překvapivě jednoduché funkce s emocemi, získá váš design lidský rozměr.

V oblasti automobilového designu se myšlenky stávají hmotou; ve vozech ŠKODA obsahuje základní myšlenku již samotný materiál. Touto myšlenkou je odkaz na tradici českého křišťálu. Kdyby bylo možné popsat design vozů ŠKODA jedním slovem, zvolili bychom slovo „krystalický“.

A nejlepší způsob, jak ocenit krásu krystalického designu, je vyjádřit ji v podobě emocí.

Bohemian lead crystal. If it were possible to describe ŠKODA design in just one word, that word would surely be "crystalline." And the ultimate way to appreciate the beauty of crystalline design is in the form of emotion. The analogy is clear: crystal glass is a wonderful material – it is clever engineering with a human touch.

Designs zu genießen, das geschieht über die Emotion. Die Analogie liegt auf der Hand: Kristallglas ist ein wundervolles Material – es ist ausgefeilte Technik mit einer menschlichen Note.

Analogie je tedy jasná. Český křišťál je nádherný materiál. Je to promyšlená technologie s lidským rozměrem.

»If you connect surprisingly simple functions and emotions in an inventive way, your design takes on a human character.«

»Durch die innovative und überraschende Verbindung von Funktion und Emotion kann das Design menschliche Eigenschaften annehmen.«

»Dokážete-li vynalézavě propojit překvapivě jednoduché funkce s emocemi, získá váš design lidský rozměr.«

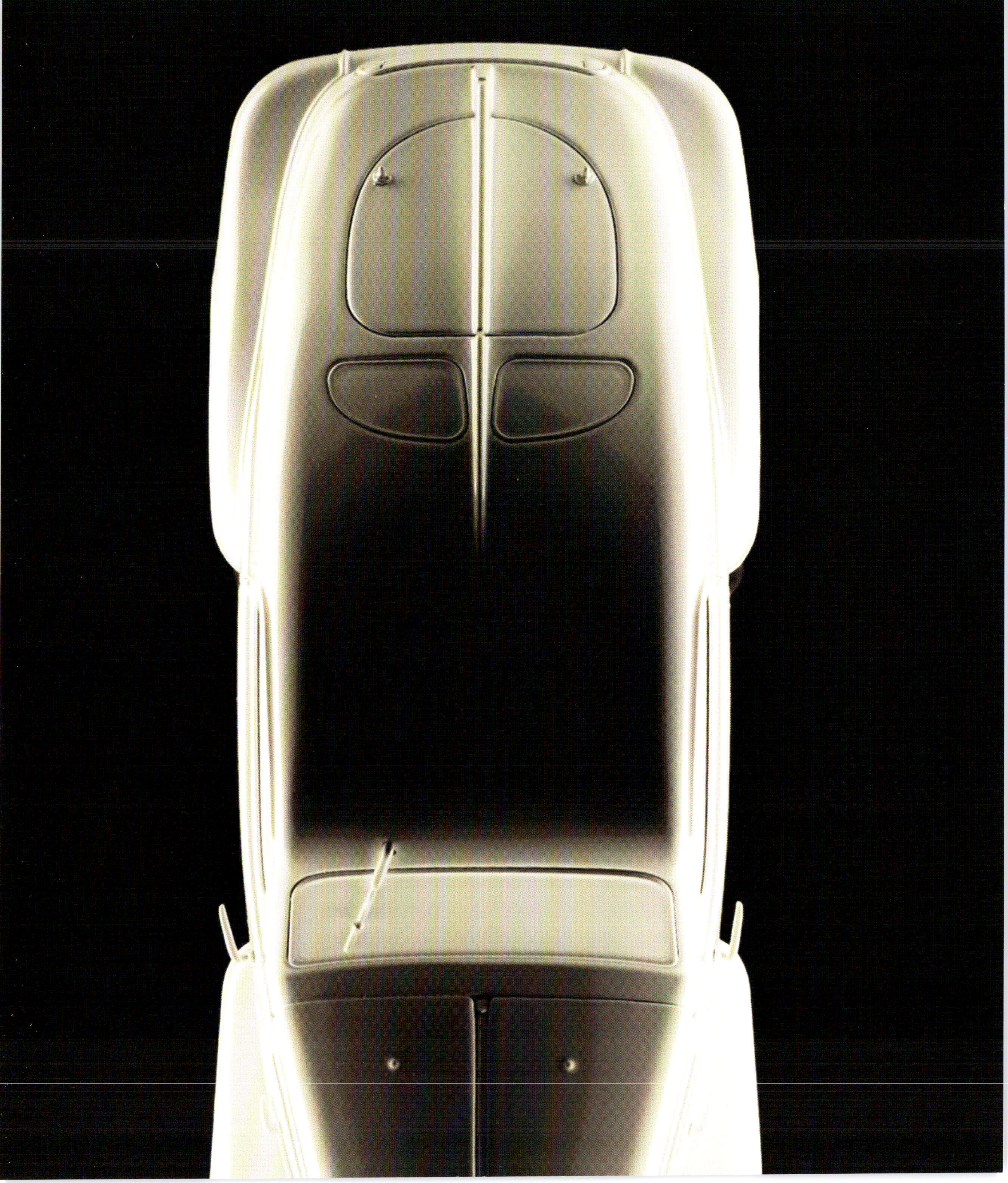

INTRODUCTION

OUR INVENTIVE HEART AND SOUL

ERFINDERGEIST
MIT LEIB UND SEELE

TVOŘIVOST V SRDCI
I V DUŠI

SEE PAGE 14

HERITAGE

EMOTIONS ALWAYS IN MOTION

EMOTION
IN BEWEGUNG

EMOCE
V POHYBU

SEE PAGE 26

INSPIRATION

A FRESH START

DER ZAUBER
DES ANFANGS

NOVÝ
ZAČÁTEK

SEE PAGE 66

SKETCH

A PLACE FOR YOUR IDEAS

IDEEN FINDEN
IHREN PLATZ

MÍSTO PRO
VAŠE NÁPADY

SEE PAGE 92

SCULPTURE

WE ARE ALL HUMAN

WIR SIND
ALLE MENSCHLICH

VŠICHNI
JSME LIDÉ

SEE PAGE 118

VISION

A GLIMPSE INTO OUR FUTURE

EIN BLICK IN
UNSERE ZUKUNFT

NAHLEDNUTÍ DO
NAŠÍ BUDOUCNOSTI

SEE PAGE 146

A SIMP
SURPRI

INTRODU

Being inventive is the center of our brand identity. Above all, that calls for a deep and human under-standing of people's ultimate desires and instinct to keep moving.

Erfindergeist ist der Kern unserer Markenidentität. Dies erfordert vor allem ein echtes Verständnis für die Wünsche der Menschen und ihrem Bedürfnis nach Bewegung.

Ústředním bodem identity naší značky je vynalézavost. To vyžaduje především hluboké pochopení lidských přání a lidské potřeby pohybu.

LY
SING
CTION

WE HELP PEOPLE MOVE
OUR INVENTIVE HEART AND SOUL

WIR BRINGEN MENSCHEN IN BEWEGUNG
ERFINDERGEIST MIT LEIB UND SEELE

DÁVÁME LIDI DO POHYBU
TVOŘIVOST V SRDCI I V DUŠI

FOLLOW THE FLOW OF ŠKODA DESIGN
STREAMLINED, HUMAN, AND SURPRISING

ŠKODA automobiles transport not only people, but dreams as well. How do we realize our goal, what distinguishes our designs, and what makes them special? We live and love what we do. People are the force and the magic behind the brand. This book illustrates how our designs are created.

FOLGEN SIE DER LINIE DES ŠKODA-DESIGNS
DYNAMISCH, MENSCHLICH UND ÜBERRASCHEND

Automobile von ŠKODA transportieren nicht nur Menschen, sondern auch Träume. Wie wir das schaffen, was unser Design so anders, so besonders macht? Wir leben und lieben, was wir tun. Die Kraft und der Zauber hinter der Marke sind die Menschen. Dieses Buch zeigt, wie unser Design entsteht.

SEZAMTE SE S VÝVOJEM DESIGNU ŠKODA
DYNAMICKÝ, LIDSKÝ, PŘEKVAPIVÝ

Automobily ŠKODA převážejí nejen pasažéry, ale i sny. Jak dosahujeme svých cílů, co odlišuje náš design a v čem je zvláštní? Žijeme tím, co děláme, a máme to rádi. Silou, kouzlem, jež stojí za naší značkou, jsou lidé. V naší knize se dozvíte, jak se náš design tvoří.

ŠKODA

IT'S ALL ABOUT VALUES AND VISIONS.
WE QUESTION OURSELVES TO FIND THE RIGHT ANSWERS

ŠKODA's new SUV, the KODIAQ, is the perfect example of the new design language and its character. It should give you the feeling that your car speaks for you.

WHAT IS THE OVERALL VISION FOR ŠKODA DESIGN?
The role of the car is more than the function of reliably transporting people from A to B. We want our vehicles to also offer an experience. To express themselves. Almost as if one has the feeling that people can talk through their cars. A car with character, one with which people have the desire to improve their mood. If that happens, then our efforts have been successful.

VISIONS WITH A PURPOSE – WHAT DOES THE NEW SUV MEAN FOR THE BRAND?
The ŠKODA KODIAQ is a pioneer for our brand in two respects. We are entering a new segment with our first large SUV above the Yeti. And at the same time, the KODIAQ is the first model with the new ŠKODA SUV design

WIE LAUTET DIE VISION FÜR DAS ŠKODA-DESIGN?
Die Rolle des Autos ist mehr, als Menschen zuverlässig von A nach B zu bringen. Unsere Wagen sollen auch ein Erlebnis bieten. Sich ausdrücken. Als hätte man das Gefühl, dass Menschen durch ihre Autos sprechen. Ein Auto mit Charakter, wodurch die Menschen in bessere Stimmung versetzt werden. Wenn das geschieht, waren unsere Bemühungen erfolgreich.

VISIONEN MIT EINEM ZIEL – WAS BEDEUTET DER NEUE SUV FÜR DIE MARKE?
Der ŠKODA KODIAQ ist in zweierlei Hinsicht ein Wegbereiter für unsere Marke. Mit unserem ersten großen SUV nach dem Yeti betreten wir ein neues Segment. Gleichzeitig ist der KODIAQ das erste Modell mit der neuen

JAKÁ JE VIZE DESIGNU ZNAČKY ŠKODA?
Úkolem automobilu není jen spolehlivě dopravit cestující z bodu A do bodu B. Chceme, aby naše vozidla nabízela také zážitek. Aby měla výraz. Aby lidé měli pocit, že se mohou prostřednictvím svých vozů vyjádřit. Aby jim zlepšovaly náladu. Pokud se toto podaří, pak bylo naše snažení úspěšné.

VIZE, KTERÉ MAJÍ CÍL. CO ZNAMENÁ NOVÉ SUV PRO ZNAČKU?
ŠKODA KODIAQ je pro naši značku průkopníkem ve dvou ohledech. Vstupujeme do nového segmentu s prvním velkým SUV po modelu Yeti. Zároveň je KODIAQ prvním modelem s novým designovým jazykem SUV ŠKODA. Je silný, emotivní a zároveň nadčasový. KODIAQ není jen jedním ze špičkových modelů našeho nového

ALLES DREHT SICH UM WERTE UND VISIONEN
UNSERE FRAGEN FÜHREN ZU DEN RICHTIGEN ANTWORTEN

ŠKODAs neuer SUV, der KODIAQ, ist das beste Beispiel für die neue Designsprache und ihren Charakter. Sie vermittelt das Gefühl, dass der Wagen zu einem spricht.

NAŠE HODNOTY A VIZE
HLEDÁME SPRÁVNÉ ODPOVĚDI

KODIAQ, nové SUV značky ŠKODA, je dokonalým příkladem nového designového jazyka a jeho charakteru. Měli byste mít pocit, že k vám vaše auto hovoří.

language. It is powerful and emotive, but also timeless. Besides the fact that the KODIAQ is the top model of our new SUV program, it's also playing a leading role. It's the first bigger SUV within ŠKODA's new design language. It will advance our expressive sculpturing, and will position us in another segment. Looking at it metaphorically, it launches our off-road journey. The Yeti was our pioneer and now the bear opens up new ground. The KODIAQ will be highly influential for the cars to follow. Therefore, it has a very important role.

HOW DOES THE KODIAQ FIT INTO OUR DESIGN WORLD?
It's the genetic code that's inherent within the KODIAQ, so the ground we are treading is not new for us. We feel the segment can

ŠKODA-SUV-Designsprache. Kraftvoll, emotional, aber auch zeitlos. Er ist nicht nur das Spitzenmodell unseres neuen SUV-Programms, sondern der KODIAQ spielt insgesamt eine Schlüsselrolle, auch wegen der neuen Designsprache. Er wird unsere ausdrucksvolle Formgebung voranbringen und uns in einem weiteren Segment positionieren. Metaphorisch gesehen ist er der Start unserer Geländefahrt. Der Yeti war unser Pionier. Der Bär eröffnet neues Terrain. Der KODIAQ wird zukünftige Wagen stark beeinflussen. Darum ist er so wichtig.

WIE PASST DER KODIAQ IN DIE DESIGNWELT DER MARKE?
Es ist der genetische Code, der dem KODIAQ innewohnt. Das Terrain ist nicht völlig neu. Wir spüren, dass uns dieses Segment eine

programu SUV. Hraje v něm klíčovou roli. Je to první větší SUV v novém designovém jazyku značky ŠKODA. Posouvá vpřed naše výrazné tvarování a díky němu jsme mohli vstoupit do dalšího segmentu. Vyjádřeno metaforou: vydáváme se mimo silnici. Yeti byl naším průkopníkem a KODIAQ nám teď otevírá nové možnosti. Tento model má velmi důležitou roli, neboť zcela jistě výrazně ovlivní automobily, které přijdou po něm.

JAK KODIAQ ZAPADÁ DO NAŠEHO DESIGNOVÉHO SVĚTA?
KODIAQ v sobě nese DNA značky, takže oblast, do které vstupujeme, není pro nás zase až tak nová. Domníváme se, že se tento segment může stát naším druhým domovem. A pro tento nový směr máme rovněž přitažlivý design. ŠKODA je značka, která vždy nabízí

»In the KODIAQ there are lots of symbolic values.«

become a second home to us. It's a role we've taken to with an appealing design. ŠKODA is the brand that always offers more than people expect – also in the combination of space, function, and emotion.

HOW IS ŠKODA'S DESIGN LANGUAGE EXPRESSED IN THE KODIAQ?
Today's SUV world looks different than it did 10, 20 years ago. Back then everything was very tough and rugged, and an SUV had a clear role to fulfill. Design only played a very minor role. In this day and age, vehicles like this are seen as a lifestyle product. Today, people's expectations of SUVs are very high and go far beyond the off-road capacity. They want comfort, they want to savour the experience, they want to be seen with the car. The SUV is an unambiguous statement. It should be powerful and attractive. ŠKODA has, as a brand, made a decision in favor of attractiveness. Design-wise, expectations are just as high as for our other flagship

zweite Heimat werden kann. Diese Richtung haben wir mit einem attraktiven Design angesteuert. ŠKODA ist die Marke, die stets mehr bietet, als alle erwarten – auch in der Verbindung von Raum, Funktion und Emotion.

WIE DRÜCKT SICH DIE DESIGNSPRACHE IM KODIAQ AUS?
Die heutige Welt der SUVs sieht anders aus, als noch vor zehn, 20 Jahren. Damals war alles robust und wild, und ein SUV hatte eine klare Rolle. Design gehörte weniger dazu. Damals wurden solche Fahrzeuge als Lifestyle-Produkt gesehen. Heute sind die Erwartungen an einen SUV sehr hoch und gehen weit über die Geländefähigkeit hinaus. Man wünscht Bequemlichkeit, ein Erlebnis und mit dem Auto gesehen zu werden. Der SUV ist eine eindeutige Aussage. Er sollte kraftvoll und attraktiv sein. ŠKODA als Marke hat sich für die Attraktivität entschieden. Die Erwartungen an das Design liegen genauso hoch wie bei unseren anderen Flaggschiffen.

více, než lidé očekávají, právě díky spojení prostoru s funkčností a emocemi.

JAK SE DESIGNOVÝ JAZYK ZNAČKY ŠKODA PROJEVUJE U MODELU KODIAQ?
Dnešní svět SUV vypadá jinak než před deseti nebo dvaceti lety. Tehdy bylo všechno velmi drsné a hrubé a SUV mělo jasně stanovenou roli, pro niž byl design jen velmi podružnou záležitostí. V současné době jsou tato vozidla odrazem určitého životního stylu. Lidé dnes mají ve vztahu k SUV velmi vysoká očekávání, daleko přesahující vlastnosti, jež měla offroadová vozidla splňovat v minulosti. Vyžadují pohodlí, chtějí mít zážitek z jízdy, chtějí být s autem „vidět". SUV má jednoznačnou koncepci. Musí být silné a atraktivní. Značka ŠKODA se rozhodla jít cestou přitažlivosti. Z hlediska designu jsou tedy očekávání stejně vysoká jako u našich ostatních vlajkových lodí. KODIAQ vyzařuje zvláštní charisma. Je to lehce maskulinní vozidlo,

»Im KODIAQ stecken viele symbolische Werte.«

»Model KODIAQ je nabitý symbolickými prvky.«

vehicles. The KODIAQ exudes a special charisma. The vehicle is slightly masculine. Almost everywhere are lines backed up by a second one adding strength. There are also lots of symbolic values that we want to present through the KODIAQ. They express its role. The headlights continue to utilize the clever principle; it's just that they've been raised, as if you'd rolled up your trousers to wade through water. It protects the vehicle when off-road but at the same time adds a clear identifying feature on-road. You'll always see these bears approaching.

WHAT ROLE DOES CZECH CRYSTAL GLASS ART PLAY IN THIS?

Every detail of our models tells a story that is the emotive power of the brand. For example, we were inspired by traditional Czech crystal glass art for the crystalline elements of the ŠKODA KODIAQ. The lines are clear, precise, and sharply drawn. The distinctive interplay of light and shade on the strongly contoured

Der KODIAQ verströmt ein besonderes Charisma. Er ist leicht maskulin. Fast überall sind Linien durch eine zweite, kräftigende, verstärkt. Der KODIAQ drückt in seiner Rolle auch viele symbolische Werte aus. Am Beispiel der Scheinwerfer erkennt man das Prinzip. Sie liegen etwas höher, wie bei aufgekrempelten Hosenbeinen, um durch Wasser zu waten. Das schützt den Wagen im Gelände und verleiht ihm auf der Straße gleichzeitig ein deutlich erkennbares Signal. Diesen Bären werden immer alle kommen sehen.

WELCHE ROLLE SPIELT DABEI DIE TSCHECHISCHE KRISTALLGLASKUNST?

Jedes Detail unserer Modelle erzählt eine Geschichte als emotionale Kraft der Marke. Die traditionelle tschechische Kristallglaskunst inspirierte uns beispielsweise bei den kristallenen Elementen des ŠKODA KODIAQ: klare, präzise, scharfe Linien. Das Spiel von Licht und Schatten auf den stark konturierten Flächen ist unverwechselbar. Die Kristallstruk-

jehož téměř všechny linie jsou podtrženy dalšími, dodávajícími vzhledu na robustnosti. KODIAQ má rovněž celou řadu symbolických prvků, jež ho dokonale charakterizují. Přední světlomety opět využívají „inteligentní" technologii, jsou jenom výše položené, jako kdybyste si ohrnuli kalhoty, když se chystáte přebrodit potok. Chrání vozidlo při jízdě mimo vozovku, současně mu však dodávají jasný rozlišovací prvek na silnici. Tohoto „medvěda" vždycky poznáte.

JAKOU ÚLOHU TU HRAJE ČESKÝ KŘIŠŤÁL?

Na našich modelech každý detail vypráví příběh, dodávající značce emotivní sílu. Inspirovali jsme se například tradičním českým uměním výroby křišťálového skla a u modelu ŠKODA jsme použili prvky krystalů, díky nimž má jasně definované, přesné a ostře řezané linie. Pro design tohoto modelu je typická hra světel a stínů na silně profilovaném povrchu. Tvary krystalů se objevují

»With our vision, we've chosen a route that shows that dreams can turn into reality with the next step.«

»Unsere Visionen bestimmen den Weg,
im nächsten Schritt können Träume wahr werden.«

»Naše vize určují cestu a sny se mohou příštím
krokem změnit ve skutečnost.«

surfaces is distinctive. The crystalline structure is also present in the details, such as the headlights or decorative trims.

WHAT ARE THE CHALLENGES IN DESIGNING AN SUV?
The design team has always dreamed of making a seven-seater, the KODIAQ has made it come true. The most difficult task for us was the proportions: having to fit in three rows of seats. We searched for the right balance between space and dynamism, and also added lots of ideas. In the interior, the driver experiences an open space while the vehicle still exudes friendliness and compactness. The result is an expression of the fact that cooperation between design and technology works well.

HAS THE KODIAQ ALSO AN INFLUENCE ON YOUR OTHER MODELS?
For sure. ŠKODA consciously doesn't make any revolutionary show cars. With our

tur findet sich auch in Details wie Scheinwerfern oder Verkleidungen.

WO LIEGEN DIE HERAUSFORDERUNGEN BEIM DESIGN EINES SUV?
Das Design-Team hatte immer den großen Traum, einen Siebensitzer zu fertigen, und mit dem KODIAQ wurde er wahr. Das Schwierigste daran waren die Proportionen: Es waren drei Sitzreihen einzupassen. Die Designer suchten das richtige Gleichgewicht zwischen Raum und Dynamik und fügten eine Menge Ideen hinzu. Den Innenraum erlebt der Fahrer als offen, während das Fahrzeug doch Freundlichkeit und Kompaktheit ausstrahlt. Das Ergebnis zeigt, dass Design und Technologie gut zusammenarbeiten.

BEEINFLUSST DER KODIAQ AUCH DIE ANDEREN MODELLE?
Definitiv. ŠKODA macht ganz bewusst keine revolutionären Showcars. Unsere Visionen bestimmen den Weg, im nächsten Schritt

i v dalších detailech, například u předních světlometů nebo ozdobných prvků.

JAKÝM VÝZVÁM JE TŘEBA ČELIT PŘI NAVRHOVÁNÍ SUV?
Vždy jsme snili o tom, že vytvoříme sedmimístný vůz a díky modelu KODIAQ se nám tento sen splnil. Nejobtížnější úkol pro nás představovaly proporce: museli jsme do vozidla umístit tři řady sedadel. Hledali jsme správnou rovnováhu mezi prostorem a dynamikou a přidali celou řadu nových nápadů. Řidič má v interiéru dostatek prostoru a i přesto vozidlo nadále působí vřele a kompaktně. Výsledek potvrzuje, že spolupráce designu a technologie vede k úspěchu.

OVLIVŇUJE KODIAQ I OSTATNÍ MODELY?
Určitě. ŠKODA vědomě nevyrábí žádné převratné superautomobily. Naše vize určují směr a sny se mohou každým krokem stát skutečností. Postupujeme dynamickým způsobem. Vzájemné ovlivňování modelů je

visions, we've chosen the route that shows that dreams can turn into reality with the next step. We're going forward in a dynamic way. The influence of the models on one another is very important. Like in a family, the little ones learn from their big brothers and the older members learn from the younger ones. The KODIAQ is a fantastic role model. We want this family symbolism, as it drives us forward.

WHAT EXTRA VALUE DOES THE KODIAQ DELIVER?

In the interior, the materials are high quality, not only in terms of the leather décor. We've taken a look at every nook and cranny and have found sophisticated solutions. Even the trunk is a quite beautiful and functional space. The comfort and feeling of well-being is always the most important thing for us. Driving has to be a real pleasure. We've done everything possible to give the KODIAQ everything it needs.

können die Träume dann wahr werden. Wir gehen dynamisch nach vorn. Der Einfluss der Modelle aufeinander ist sehr wichtig. Wie in einer Familie lernen die Kleinen von den Großen und die Älteren von den Jüngeren. Der KODIAQ ist ein fantastisches Rollenmodell. Diese Familiensymbolik ist gewünscht, sie treibt uns an.

WELCHEN MEHRWERT BIETET DER KODIAQ?

Im Innenraum sind alle Materialien von hoher Qualität, nicht nur bei der Lederausstattung. Wir haben alle Winkel untersucht und raffinierte Lösungen gefunden. Sogar der Kofferraum ist ein schöner und funktionaler Raum. Bequemlichkeit und sich wohlfühlen sind für uns immer das Wichtigste. Fahren muss ein echtes Vergnügen sein. Es wurde alles getan, um dem KODIAQ alles zu geben, was er braucht.

velmi důležité. Stejně jako se v rodině učí malé děti od svých větších sourozenců a ti starší se učí od mladších. KODIAQ je fantastický vzor. Tuto symboliku rodiny bychom chtěli zachovat, protože nás posouvá vpřed.

JAKOU PŘIDANOU HODNOTU V SOBĚ MODEL KODIAQ SKRÝVÁ?

Materiály v jeho interiéru mají vysokou kvalitu zpracování, a to nejenom v dekoru z kůže. Zaměřili jsme se na každou skulinu a škvíru a přišli jsme na několik důmyslných řešení. Krásný a funkční je v něm dokonce i zavazadlový prostor. Nejdůležitější je pro nás vždy pohodlí a příjemný pocit. Řízení tohoto vozu musí přinášet skutečnou radost. Udělali jsme všechno proto, aby měl model KODIAQ vše, co má mít.

HERIT

MEANS TO

REMAIN

The ŠKODA way is where we come from. It gives us the power to drive new paths and to conquer the future. A short, dynamic trip through history.

Wir kommen aus der Tradition von ŠKODA. Sie gibt uns Kraft, neue Wege zu nehmen und die Zukunft zu erobern. Eine kurze, dynamische Fahrt durch die Geschichte.

Vycházíme z tradice značky ŠKODA. To nám dává sílu pouštět se po nových cestách a dobývat budoucnost. Vydejme se na krátký a rychlý výlet do minulosti.

AGE

**TO KNOW
WHERE TO GO**
IS TO KNOW WHICH
PHILOSOPHY YOU FOLLOW

ALWAYS
TRUE

**ZU WISSEN,
WOHIN MAN GEHT,**
HEISST ZU WISSEN,
WELCHER PHILOSOPHIE
MAN FOLGT

**ABYSTE VĚDĚLI,
KAM JDETE,**
MUSÍTE VĚDĚT,
JAKOU FILOZOFII
SE ŘÍDÍTE

»The roots of the brand are the source of its inspiration.«

»Die Wurzeln der Marke sind die Quelle unserer Inspiration.«

»Kořeny značky jsou zdrojem její inspirace.«

Moving design history: The ŠKODA 935 Dynamic

ŠKODA

»ŠKODA is one of the world's oldest car manufacturers. A long history is only possible if you can capture the spirit of the time: the *Zeitgeist*.«

»ŠKODA ist einer der weltweit ältesten Autohersteller. Eine so lange Geschichte ist nur möglich, wenn man den *Zeitgeist* einfängt.«

»Společnost ŠKODA patří mezi nejstarší výrobce automobilů na světě. Dlouhou historii můžete mít pouze tehdy, dokážete-li uchopit ducha času.«

THE ROOTS OF BEAUTY AND GROWTH
AUTHENTICITY WITH AN EMOTIONAL PUSH

EVERY MODEL – including those from the new design era such as the new ŠKODA Superb – proudly displays the ŠKODA logo, with an arrowhead in the center. The arrowhead is the symbol that ŠKODA design uses to express the long-standing precision at the very heart of this brand. It stands for authenticity and reflects the emotional push.

For the designers, origins are an important building block for the future. Their decisions have to be based on trust in the brand and its values. Designing and building cars for one hundred years is an impressive

DIE WURZELN VON SCHÖNHEIT UND WACHSTUM
AUTHENTIZITÄT MIT EMOTIONALEM AKZENT

JEDES MODELL – einschließlich jener aus der mit dem ŠKODA Superb eingeleiteten neuen Designära – präsentiert stolz das ŠKODA-Logo mit dem geflügelten Pfeil im Zentrum. Der geflügelte Pfeil ist das Symbol des ŠKODA-Designs für die traditionelle Präzision als Kern seiner Marke. Er steht für Authentizität und spiegelt den emotionalen Akzent wider.

Für die Designer ist Herkunft ein wichtiger Baustein für die Zukunft. Ihre Entscheidungen müssen auf dem Glauben an die Marke und ihre Werte basieren. Hundert Jahre Automo-

KOŘENY KRÁSY A VZESTUPU
AUTENTICITA S DŮRAZEM NA EMOCE

KAŽDÝ MODEL, včetně vozů nové éry designu, například nová ŠKODA Superb, hrdě nese logo značky ŠKODA s okřídleným šípem uprostřed. Designéři značky ŠKODA používají šíp jako symbol k vyjádření dlouhodobého zaměření na preciznost jako základní poselství značky. Je to symbol potvrzující autentičnost a odrážející emocionální důraz. Pro designéry je původ důležitým stavebním kamenem budoucnosti. Jejich rozhodnutí musejí být založena na víře ve značku a její hodnoty. Pokud někdo navrhuje a vyrábí automobily více než sto let, je to už velice dlouhá doba. Zůstat tak dlouho úspěšní můžete

VÁCLAV KLEMENT
THE CREATIVE FOUNDER

VÁCLAV LAURIN
THE TECHNICAL FOUNDER

stretch of time. You can only sustain it so successfully for such a long time if you carry the people with you. Therefore, our products are always a reflection of the people as well – of those who build them, and those who drive them.

The Czech Republic provides a good basis for that objective. It's good if you know where you come from, and that applies to car manufacturers as well. This connection is a value by itself, conveying stability and trust. Tradition doesn't have to inhibit anyone – in fact, quite the opposite is true. It's like a tree that keeps on growing and flowering again, yet draws strength from its roots.

bile zu entwerfen und zu bauen, das ist ein eindrucksvolles Stück Weg. Man kann ihn nur dann so erfolgreich gehen, wenn man die Menschen mitnimmt. Deshalb sind die Produkte immer auch ein Spiegel der Menschen. Jener, die sie bauen, und jener, die sie fahren.

Tschechien bildet dafür eine gute Basis. Auch für eine Automobilmarke ist es gut, wenn sie weiß, wo sie herkommt. Diese Bindung ist eigener Wert, vermittelt Stabilität und Vertrauen. Tradition muss einen nicht bremsen, im Gegenteil. Es ist wie bei einem Baum, der immer weiter wächst und neu aufblüht – und dennoch Kraft aus seinen Wurzeln schöpft.

jedině tehdy, když za vámi stojí lidé. Vozy ŠKODA jsou proto vždycky zrcadlem lidí – těch, kteří je vyrábějí, i těch kteří jimi jezdí. Česká republika je ideální základnou pro splnění tohoto cíle. Je dobré vědět, odkud pocházíte, což platí i pro výrobce automobilů. Spojení s původem představuje hodnotu už samo o sobě, vyjadřuje stabilitu a důvěru. Tradice nemusí nikoho omezovat – ve skutečnosti je tomu právě naopak. Je jako strom, který neustále roste a stále znovu kvete, a přitom čerpá sílu ze svých kořenů.

»Our decisions have to be based on trust in the brand and its values.«

»Unsere Entscheidungen müssen auf dem Glauben an die Marke und ihre Werte basieren.«

»Naše rozhodnutí musejí být založena na víře ve značku a její hodnoty.«

VEHICLE PRODUCTION WITH A LONG TRADITION
MORE THAN 120 YEARS OF EXPERIENCE

The roots of a brand are the source of its inspirations. This has applied to ŠKODA for more than 120 years.

The history of ŠKODA Auto has been a long, fascinating journey – the company initially took a luxury approach before starting mass production in the thirties. Later still, it continued with the solid, reliable models of the Communist era. And most recently, the focus has been on the development of emotional, contemporary design language. An exciting journey indeed, from the handcrafted ŠKODA 860 from 1929 to the ŠKODA Popular

FAHRZEUGPRODUKTION MIT LANGER TRADITION
ÜBER 120 JAHRE ERFAHRUNG

Die Wurzeln der Marke sind die Quelle für unsere Inspiration. Dies gilt bei ŠKODA seit über 120 Jahren.

Die Geschichte von ŠKODA Auto ist eine lange, faszinierende Reise, die mit der Nähe zum Luxus beginnt und sich mit dem Start der Massenproduktion des ŠKODA Popular in den 1930ern fortsetzt. Das nächste Kapitel der ŠKODA-Geschichte war von den soliden, zuverlässigen Modellen der sozialistischen Zeit bestimmt.

Von welchen Epochen oder Stilrichtungen die Gesellschaft auch geprägt war, die Auto-

VÝROBA VOZIDEL S DLOUHOLETOU TRADICÍ
VÍCE NEŽ 120 LET ZKUŠENOSTÍ

Kořeny značky jsou zdrojem její inspirace. Pro značku ŠKODA to platí již více než 120 let.

Historie společnosti ŠKODA Auto je jako dlouhá, vzrušující cesta. Zatímco na jejím počátku stály převážně luxusní vozy, ve 30. letech minulého století byla zahájena hromadná výroba automobilu ŠKODA Popular. Pro další kapitolu její historie jsou charakteristické solidní a spolehlivé modely z doby socialismu. Nejnověji se společnost zaměřila na vývoj emocionálního, moderního designového jazyka. Úctyhodná cesta od ručně vyráběného vozu ŠKODA 860 z roku 1929 přes model ŠKODA

1895–1905
L&K SLAVIA BICYCLE

Several versions of the bicycle were produced: for ladies, for gentlemen, for stronger riders, for poor roads ...

Verschiedene Typen des Fahrrads waren erhältlich: für Damen, für Herren, für kräftige Fahrer, für schlechte Straßen ...

Vyrábělo se několik verzí jízdních kol: pro dámy, pro pány, pro silnější jezdce, na špatné cesty ...

“Monte Carlo” (1935) to the ŠKODA Octavia Combi from 1961.

With the political changes of 1989, when the Berlin Wall was brought down, ŠKODA’s management began to search for a strong foreign partner in an effort to secure the company’s competitiveness.

On April 16, 1991, ‘ŠKODA, publicly traded automotive company’ became part of the Volkswagen Group and the traditional Czech brand grew into an internationally successful car maker. Customers and employees also benefited from the technological developments that arose from the German-Czech partnership.

mobile von ŠKODA zeichneten sich immer durch die Entwicklung einer emotionalen, zeitgemäßen Designsprache aus. Der Weg führt dabei vom handgefertigten ŠKODA 860 aus dem Jahr 1929 über den ŠKODA Popular „Monte Carlo“ (1935) bis zum ŠKODA Octavia Combi von 1961.

Nach dem Mauerfall und den politischen Umwälzungen von 1989 begann das ŠKODA-Management mit der Suche nach starken ausländischen Partnern, um die Wettbewerbsfähigkeit des Unternehmens zu sichern.

Am 16. April 1991 wurde die „ŠKODA Automobil AG“ ein Teil der Volkswagen Gruppe. Und die tschechische Traditionsmarke ging in einem international erfolgreichen Autohersteller auf. Kunden und Mitarbeiter profitierten auch von den technischen Entwicklungen, die aus der deutsch-tschechischen Partnerschaft erwuchsen.

Popular „Monte Carlo“ (1935) až po model ŠKODA Octavia Combi z roku 1961. V souvislosti s politickými změnami v roce 1989, kdy došlo k převratu, začalo vedení společnosti ŠKODA ve snaze o zajištění konkurenceschopnosti hledat silného zahraničního partnera.

Dne 16. dubna 1991 se ŠKODA akciová společnost stala součástí skupiny Volkswagen Group a z tradiční české značky tak vyrostl mezinárodně úspěšný výrobce automobilů.

Zákazníkům a zaměstnancům přinesl užitek také vývoj technologií, k němuž došlo na základě tohoto německo-českého partnerství.

1904–1907
L&K TYPE CCD SLAVIA MOTORCYCLE

The factory's most popular two-cylinder motorcycle. 675 bikes were produced.

Die bekannteste Zweizylinder-Maschine der Firma. 675 Motorräder wurden hergestellt.

Nejoblíbenější dvouválcový motocykl. Celkem bylo vyrobeno 675 motocyklů.

1905–1907
L&K VOITURETTE A

Open-top two-seater. Sources differ concerning the number of units produced.

Offener Zweisitzer. Über die Stückzahl gibt es verschiedene Angaben.

Dvoumístné otevřené vozidlo. Prameny uvádějí různý počet vyrobených kusů.

1925–1927
L&K 110

This iconic car was the last model produced under the Laurin&Klement brand.

Dieser symbolträchtige Wagen war das letzte Modell der Marke Laurin&Klement.

Toto věhlasné auto bylo posledním modelem vyrobeným pod značkou Laurin&Klement.

1929–1933
ŠKODA 860

Luxury car with an eight-cylinder engine (power output of 60 hp); 49-50 units.

Luxuswagen mit Achtzylinder-Motor (Leistung 60 PS); 49–50 Stück wurden hergestellt.

Luxusní auto s osmiválcovým motorem (o výkonu 60 k); celkem bylo vyrobeno 49-50 kusů.

»ŠKODA can look back on a rich tradition with numerous automotive icons.«

»ŠKODA kann auf eine reiche Tradition mit vielen Automobil-Ikonen zurückblicken.«

»Společnost ŠKODA má za sebou bohatou historii s mnoha slavnými, kultovními automobily.«

1935–1938
ŠKODA RAPID

A larger and stronger alternative to the ŠKODA Popular. It was produced also as a two-door convertible. 6,841 variants were produced.

Eine größere und stärkere Alternative zum ŠKODA Popular. Er wurde auch als zweitüriges Cabriolet hergestellt. 6.841 Ausführungen gingen in Produktion.

Větší a silnější alternativa vozu ŠKODA Popular. Vyráběl se také jako dvoudveřový kabriolet. Celkem bylo vyrobeno 6 841 kusů.

1935–1938
ŠKODA POPULAR MONTE CARLO

Total of 72 cars (roadster and coupé versions).

Insgesamt wurden 72 Wagen hergestellt (Roadster und Coupés).

Celkem se vyrobilo 72 automobilů (ve verzi roadster a kupé).

1939–1941
ŠKODA SUPERB 4000

Only 10 units were produced: 8 convertibles, and 2 limousines.

Nur 10 Stück wurden produziert, davon 8 Cabriolets und 2 Limousinen.

Vyrobeno pouhých 10 kusů: 8 kabrioletů a 2 sedany.

1957–1959
ŠKODA 1100 OHC

Only 4 of these two-seater sports cars were ever built: 2 roadsters with a plastic body and 2 coupés with an aluminum body.

Nur 4 dieser Zweisitzer-Sportwagen wurden gebaut: 2 Roadster mit Kunststoff- und 2 Coupés mit Aluminiumkarosserie.

Tohoto dvousedadlového sportovního automobilu se celkem vyrobily pouze čtyři kusy: dva otevřené sportovní vozy s plastovou karoserií a dvě kupé s hliníkovou karoserií.

1959–1964
ŠKODA FELICIA

Sports convertible with a textile soft top or a fiberglass hardtop roof. 14,863 units of the 994 and 996 were produced.

Sportcabriolet mit textilem Verdeck oder Glasfaser-Hardtop. 14.863 Exemplare des 994 und 996 wurden produziert.

Sportovní kabriolet se skládací plátěnou nebo odnímatelnou laminátovou střechou. Celkem se vyrobilo 14 863 kusů typu 994 a 996.

»ŠKODA products are always a reflection of the people as well – of those who build them, and those who drive them.«

»ŠKODA-Produkte sind immer auch ein Spiegel der Menschen – jener, die sie bauen, und jener, die sie fahren.«

»Výrobky značkyŠKODA jsou vždy zrcadlem těch, kteří je vyrábějí, i těch, kteří jimi jezdí.«

1961–1971
ŠKODA OCTAVIA COMBI

Passenger or light utility car. Total number of vehicles manufactured: 54,086.

Passagier- oder leichtes Nutzfahrzeug. Produziert wurden insgesamt 54.086 Fahrzeuge.

Osobní nebo lehké užitkové vozidlo. Celkem se vyrobilo 54 086 kusů.

1964–1969
ŠKODA 1000 MB

Car with engine in the rear. Approximately 440,000 units were manufactured.

Auto mit Heckmotor. Ungefähr 440.000 Stück wurden produziert.

Vozidlo s motorem vzadu. Vyrobeno přibližně 440 000 kusů.

1975–1980
ŠKODA 130 RS

A real rally car with a top speed of 136 mph, the 130 RS symbolized ŠKODA's racing tradition.

Als echtes Rennauto mit einer Geschwindigkeit bis zu 218 km/h stand der 130 RS für ŠKODAs Renntradition.

Skutečně závodní auto s maximální rychlostí 218 km/h. ŠKODA 130 RS byla symbolem závodní tradice automobilky ŠKODA.

1987–1994
ŠKODA FAVORIT

The first front-wheel-drive compact car. Bertone, the Italian automobile company, was commissioned to sculpt its modern look.

Erster Kompaktwagen mit Vorderradantrieb. Für das Design seines modernen Looks wurde der italienische Karosseriebauer Bertone engagiert.

První kompaktní vůz s pohonem předních kol. Na jeho moderním vzhledu se podílela italská karosářská společnost Bertone.

1999
ŠKODA FABIA

The ŠKODA Felicia's successor soon became one of the most successful superminis.

Der Nachfolger des ŠKODA Felicia wurde bald einer der erfolgreichsten Superminis.

Tento nástupce vozu ŠKODA Felicia se brzy stal jedním z nejúspěšnějších modelů ve třídě supermini.

1996
ŠKODA OCTAVIA

Since 2006, the Octavia has also been produced in China.

Seit 2006 wird der Octavia auch in China produziert.

Od roku 2006 se Octavia vyrábí také v Číně.

2009
ŠKODA YETI

A compact SUV to augment the brand portfolio. Available as front-wheel drive or all-wheel drive.

Ein kompakter SUV ergänzt das Markenportfolio. Erhältlich mit Vorderrad- oder Allradantrieb.

Kompaktní SUV rozšiřující portfolio značky. K dostání s pohonem předních kol i s pohonem všech kol.

PRESENT MODELS, FUTURE AHEAD
THE WHOLE VARIETY OF OUR CAR RANGE

2011
ŠKODA CITIGO

Available in 3-door and 5-door versions. Produced in Bratislava together with Seat Mii and Volkswagen Up!

Erhältlich als Drei- oder Fünftürer. In Bratislava zusammen mit dem Seat Mii und dem Volkswagen Up! produziert.

K dispozici v 3-dveřové a 5-dveřové verzi. Výroba v Bratislavě probíhá společně s modely Seat Mii a Volkswagen Up!

2011
ŠKODA RAPID

The interior of the Rapid is surprisingly spacious. Five gasoline and two diesel engines are available.

Der Rapid ist innen überraschend geräumig. 5 Benziner und 2 Diesel sind erhältlich.

Interiér modelu ŠKODA Rapid je překvapivě prostorný. K dispozici je pět benzínových a dva dieselové motory.

2013
ŠKODA RAPID SPACEBACK

A young compact car with athletic and dynamically elegant lines plus a spacious interior and a panoramic glass top.

Der junge Kompakte mit der sportlichen, dynamisch-eleganten Linie punktet mit einem großzügigen Innenraum und Panorama-Glasdach.

Svěží kompakt se sportovní, dynamicko-elegantní linií boduje prostorností interiéru a prosklenou panoramatickou střechou.

2014
ŠKODA FABIA III

The third generation of the ŠKODA Fabia features sharper, more dynamic lines and sporty proportions – ideal for an urban life in motion.

Die dritte Generation des ŠKODA Fabia besticht durch die geschärfte, dynamische Formensprache und sportliche Proportionen – ideal für urbane Mobilität.

Třetí generace vozu ŠKODA Fabia okouzluje zostřenou, dynamickou řečí tvarů a sportovními proporcemi – ideální vůz pro jízdu ve městě.

2015 ŠKODA SUPERB III COMBI

A modern, dynamic, and attractive design. New infotainment systems broaden the connectivity options.

Das Design: modern, dynamisch, attraktiv. Neue Infotainment-Systeme erweitern die Möglichkeiten der Konnektivität.

Moderní, dynamický a přitažlivý design. Nové systémy infotainmentu rozšiřují možnosti konektivity.

2016
ŠKODA KODIAQ

With a length of 4.70 m, up to seven seats, and the largest trunk in its class the KODIAQ is the first large SUV from ŠKODA.

4,70 Meter lang, mit bis zu 7 Sitzen und dem größten Kofferraum seiner Klasse: Der KODIAQ ist der erste große SUV von ŠKODA.

Model KODIAQ s délkou 4,70 m, až sedmi sedadly a největším zavazadlovým prostorem ve své třídě je první velké SUV značky ŠKODA.

2017
ŠKODA OCTAVIA COMBI FL

A thoroughly successful, well-conceived family car with a spacious 610-liter luggage compartment – the bestseller in the series.

Ein rundum gelungenes, durchdachtes Familienauto mit großzügigem 610-Liter-Kofferraum – der Bestseller der Baureihe.

Velice úspěšné, dobře promyšlené rodinné auto s objemným 610l zavazadlovým prostorem – bestseller této výrobní řady.

»We aspire to combine the highest degree of aesthetics with maximum functionality.«

»Wir streben nach der Verbindung von anspruchsvollster Ästhetik und maximaler Funktionalität.«

»Chceme kombinovat nejvyšší estetické prvky s maximální funkčností.«

WHERE INSPIRAT COMES

We think it's important that our cars include elements that aren't purely rational. And it's never just a single source of inspiration that drives us.

Wir finden es wichtig, dass unsere Autos Elemente enthalten, die nicht rein rational sind.
Und nie lassen wir uns von nur einer Quelle inspirieren.

Myslíme si, že je důležité, aby naše automobily měly prvky, které nejsou čistě racionální. Nikdy nás přitom nepohání jen jediný zdroj inspirace.

ALL THE

ION
FROM

A PORTFOLIO OF OUR IDEAS
THE VALUE OF LIVING A SPIRIT

EIN PORTFOLIO UNSERER IDEEN
KOSTBARKEITEN DER SEELE

PORTFOLIO NAŠICH NÁPADŮ
KLENOTY DUŠE

BOHEMIAN CRYSTAL A MIGHTY MATERIAL

Imagination is given a lot of room to flourish at ŠKODA. We are happy to pass this inventiveness along to others, an inventiveness we obtain from the magic of Bohemian crystal. What a masterful play of reflections and potential interpretations.

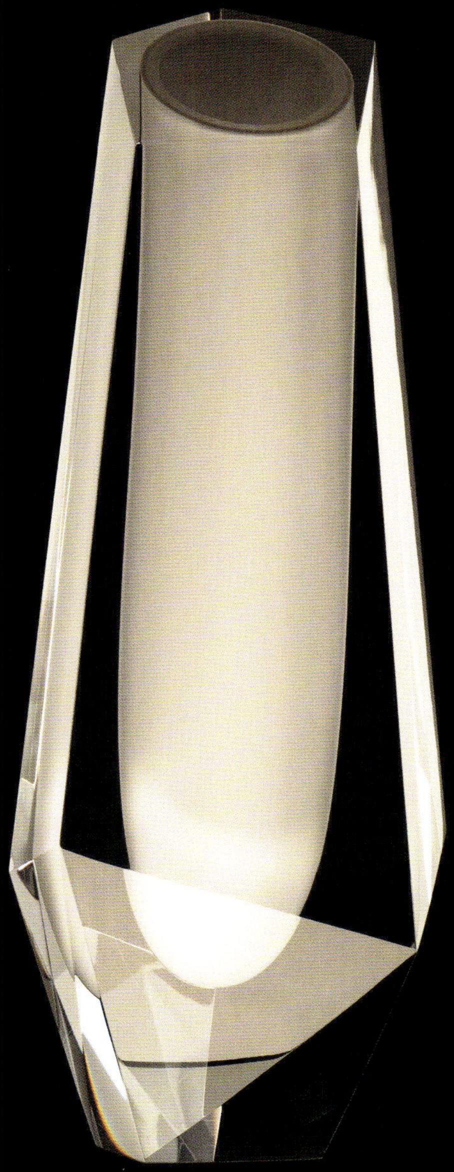

BÖHMISCHES KRISTALL EIN MAGISCHES MATERIAL

Bei ŠKODA gibt es viel Raum für Fantasie. Wir geben diese Vorstellungskraft gern weiter und gewinnen sie selbst aus der Magie des böhmischen Kristallglases. Was für ein gekonntes Spiel mit Reflexionen und Interpretationsmöglichkeiten.

ČESKÝ KŘIŠŤÁL MAGICKÝ MATERIÁL

V automobilce ŠKODA ponecháváme velký prostor představivosti. Nápady inspirované kouzelným českým křišťálem rádi předáváme ostatním v podobě mistrovské hry světel a dalších variací na toto téma.

THE ART OF CUBISM
PLAYING WITH LIGHT, FORM, AND SHADE

Unadorned forms, edges, and patterns – cubism revolutionized 20th-century visual arts. The Czech Republic was strongly influenced by it, particularly in architecture.

KUNST DES KUBISMUS
SPIEL MIT LICHT, FORM UND SCHATTEN

Schnörkellose Formen, Kanten, Muster – der Kubismus revolutionierte die Kunst des 20. Jahrhunderts. Tschechien ist, vor allem in der Architektur, stark davon geprägt.

KUBISTICKÝ STYL
HRA SE SVĚTLEM, TVAREM A STÍNEM

Prosté tvary, hrany a vzory. To je kubismus – styl, který výrazným způsobem změnil vizuální umění 20. století. Česká republika jím byla silně ovlivněna, zvláště v architektuře.

FUNCTION BECOMES FORM
BALANCE AND DYNAMICS

Free-flowing forms and the unmistakable dynamics are streamlined to produce perfect harmony. The model developed by the design studio speaks in contours.

AUS FUNKTION WIRD FORM
BALANCE UND DYNAMIK

Fließende Formen übersetzen die unverkennbare Dynamik der Stromlinie in die nötige Harmonie. Die Sprache der Konturen zeigt das Modell aus dem Designstudio.

FUNKCE SE STÁVÁ TVAREM
VYVÁŽENOST A DYNAMIKA

Volně plynoucími tvary a nezaměnitelnou dynamikou bylo dosaženo dokonalé harmonie. Model vyvinutý návrhářským studiem hovoří v konturách.

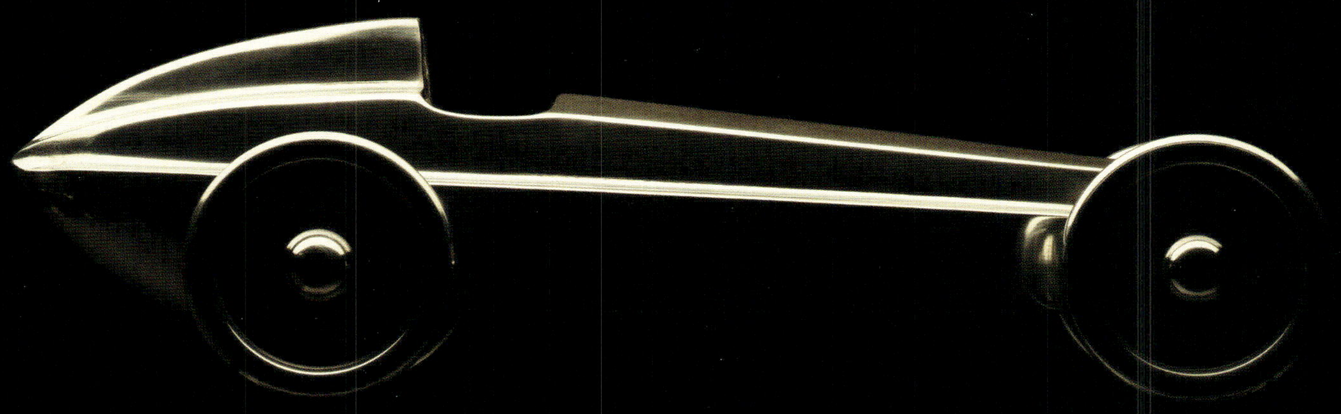

MAKING THE RIGHT CUT
SHAPE AND ELEGANCE

The sharp lines and dynamic shapes of crystal offer so much potential. The right cut, the precise grind is an art that also suits product design well. It was perfected in the Czech Republic – and is used for the winner's cup of the Tour de France, for example.

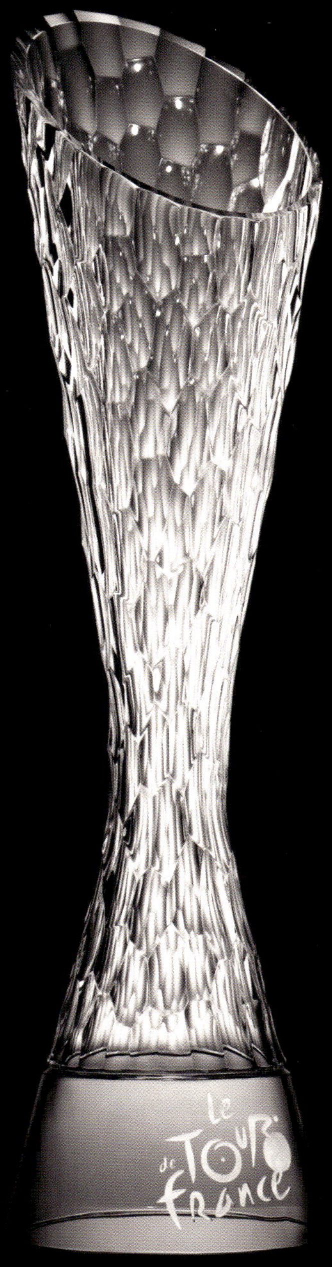

DER RICHTIGE SCHLIFF
FORM UND ELEGANZ

Kristall mit seinen scharfen Linien und lebendigen Formen bietet so viel Potenzial. Der richtige Schliff, der präzise Schnitt – das ist eine Kunst, die auch zum Produktdesign passt. In Tschechien wurde sie perfektioniert – und dient der Tour de France als Siegerpokal.

PROVEDENÍ SPRÁVNÉHO ŘEZU
TVAR A ELEGANCE

Ostré linie a dynamické tvary broušeného skla nabízí mnoho možností. Správný řez a přesné vybroušení představují umění, které lze využít i v produktovém designu. V České republice bylo dovedeno k dokonalosti a využívá se například při výrobě poháru pro vítěze Tour de France.

THE VALUE OF A RICH HISTORY YOUR OWN WAY INTO THE FUTURE

Design is not like the wind that blows in a different direction every day. The inspiration for a brand must be found by searching in specific places. That's only possible if you are aware of your roots.

VOM WERT EINER REICHEN GESCHICHTE DER EIGENE WEG IN DIE ZUKUNFT

Design ist nicht wie der Wind, der jeden Tag in eine andere Richtung weht. Die Inspiration für die Marke muss man gezielt finden. Das geht nur, wenn man sich seiner Herkunft bewusst ist.

BOHATÝ HISTORICKÝ ODKAZ VAŠE VLASTNÍ CESTA DO BUDOUCNOSTI

Design není jako vítr vanoucí každý den jiným směrem. Inspiraci pro značku je třeba hledat na určitých místech. To je možné pouze tehdy, uvědomujeme-li si své kořeny.

»To act is to modify the shape of the world.«

»Handeln heißt, die Welt mitzugestalten.«

»Jednat znamená měnit podobu světa.«

INSPIRED BY MANKIND, NOT BY MACHINE
LET THE PROCESS BEGIN

Our designers believe that every product should also contain some art: a challenge for the team when sounding out ideas. As has been said before, "Maybe you don't absolutely need art to survive, yet many things are meaningless without art." So the art of inspiration comes first.

VOM MENSCH INSPIRIERT, NICHT VON DER MASCHINE
DER PROZESS BEGINNT

Unsere Designer finden, dass in jedem Produkt auch ein Stück Kunst stecken sollte. Das fordert das ganze Team heraus, schon bei der Ideenfindung: „Vielleicht braucht man Kunst nicht unbedingt zum Überleben; und doch, ohne Kunst ist vieles sinnlos." Am Anfang also steht die Kunst der Inspiration.

INSPIRACE ČLOVĚKEM, NIKOLI STROJEM
ZAČÁTEK PROCESU

Naši designéři věří, že každý výrobek by měl v sobě mít kus umění, což je pro ně výzva od samého začátku. Umění možná nutně nepotřebujete k tomu, abyste přežili, ale mnoho věcí bez něj ztrácí smysl. Proto je umění inspirace na prvním místě.

HOW TO CONNECT THINGS
MATERIALIZING YOUR IDEAS

DIE VERBINDUNG DER DINGE
WIE IDEEN IHRE FORM BEKOMMEN

JAK VĚCI SPOJOVAT
ZHMOTNĚNÍ VAŠICH MYŠLENEK

Things that seem to be opposites at first glance reveal a different meaning when a new connection is made. Creativity is inspired by linking ideas. By this measure it is the geometry that also inspires a car designer.

Dinge, die im ersten Moment als Gegensatz erscheinen, bekommen durch eine neue Verbindung einen anderen Sinn. Kreativität entsteht durch Verknüpfungen. Bei dieser Dose ist es die Geometrie, die auch einen Automobil-Designer inspiriert.

Věci, jevící se na první pohled jako protiklady, získají jiný význam, použijeme-li je v novém spojení. Spojování nápadů povzbuzuje tvůrčí myšlení. Takovým způsobem se návrháři automobilů inspirují například geometrií.

WITH CORNERS AND EDGES BUILDINGS LIKE CRYSTALS

MIT ECKEN UND KANTEN ARCHITEKTUR WIE KRISTALL

S HRANAMI A ÚHLY STAVBY JAKO KRYSTALY

To become inspired does not mean to invent. It is primarily a matter of perceiving the world. That can also mean Prague's cubist-style façades.

Sich inspirieren lassen, heißt nicht, etwas zu erfinden. Zunächst geht es um das Finden, darum, die Welt wahrzunehmen. Das können auch die Prager Fassaden im Stil des Kubismus sein.

Inspirovat se neznamená vynalézat. Jde především o vnímání světa. Z tohoto pohledu mohou být inspirací kubistické fasády pražských domů.

»FIRST, WE CONSIDER THE DREAMS OF OUR CUSTOMERS.«

»ZUERST SCHAUEN WIR UNS DIE TRÄUME UNSERER KUNDEN AN.«

»NEJPRVE SE ZAMÝŠLÍME NAD SNY NAŠICH ZÁKAZNÍKŮ.«

An inspiring environment is important – and that's what the designers experience at the ŠKODA Auto Construction Center and the Villa Česana at the company headquarters in Mladá Boleslav.

Eine inspirierende Umgebung ist wichtig – die Designer finden diese im ŠKODA Auto Construction Center und der Villa Česana am Unternehmenssitz in Mladá Boleslav.

Inspirující prostředí je důležité. A právě v takovém prostředí pracují designéři Centra technického vývoje ŠKODA AUTO v designové vile Česana nedaleko mladoboleslavského sídla společnosti.

STEP ONE

DESIGN NEEDS TIME TO UNFOLD ITS FULL EFFECT.

From the first reflections onwards, we must take care that we don't overwhelm customers with our ideas. At the same time, we should exhaust all the potential contained within the ideas. A balance between the two propels the ideas forward.

DESIGN BRAUCHT ZEIT, UM ANZUKOMMEN.

Wir müssen schon bei unseren ersten Überlegungen darauf achten, die Kunden nicht zu überfordern mit unseren Ideen. Wir müssen aber gleichzeitig alles an Potenzial ausschöpfen, das in unseren Ideen steckt. Die Balance aus beidem bringt die Ideen voran.

PRO PLNÉ UPLATNĚNÍ DESIGNU JE POTŘEBA ČAS.

Už od prvních úvah musíme dbát na to, abychom zákazníky nezavalili svými nápady. Na druhou stranu však musíme využít veškerý potenciál, který je v těchto nápadech obsažen. Nalezení rovnováhy je hnacím motorem posunujícím nápady kupředu.

HOW TO DESIGN A ŠKODA TO BE INSPIRED IS THE IGNITION

WIE DAS DESIGN EINES ŠKODAS ENTSTEHT INSPIRATION IST DIE QUELLE

JAK NAVRHOVAT ŠKODOVKU K INSPIRACI JE TŘEBA ZAPÁLENÍ

SEE WHAT IT CAN BE.

The basis of the designers' imagination has to be pragmatic: the Research and Development department provides analyses, comparative studies, and key technical data. This ensures that the design process stays creative, but is also practicable.

WAS IST ÜBERHAUPT MÖGLICH?

Die Basis für die Fantasie der Designer muss pragmatisch sein: Die Forschungs- und Entwicklungsabteilung liefert Analysen, Vergleichsstudien und technische Eckdaten. So wird sichergestellt, dass die Gestaltung kreativ bleibt – aber machbar ist.

JAK BY TO MOHLO VYPADAT?

Základ designérské představivosti musí být pragmatický. Oddělení výzkumu a vývoje poskytuje analýzy, srovnávací studie a klíčové technické údaje.
Díky nim si proces navrhování zachovává svoji kreativitu, současně jsou však jeho výsledky použitelné v praxi.

STEP ONE

PASSION IS ESSENTIAL.

Designers are people who think ahead of their time. They realize visions and emotions simultaneously. Transforming emotion into metal endows the material with added value. That's why emotions are there from the beginning, having been ignited by inspiration.

ES GEHT NICHT OHNE LEIDENSCHAFT.

Designer sind Menschen, die ihrer Zeit vorausarbeiten. Sie realisieren Visionen und Emotionen zugleich. Emotionen in Blech umzusetzen, gibt dem Material einen zusätzlichen Wert. Deshalb spielen die Emotionen schon bei der Inspiration mit die größte Rolle.

VÁŠEŇ JE ZÁKLAD.

Designéři jsou lidé vymýšlející budoucnost. Jejich vize a emoce se prolínají do skutečnosti. Převedení emocí do kovu dává materiálu přidanou hodnotu. Proto jsou emoce zažehnuté inspirací prvopočátkem celého procesu.

HOW DIFFERENT IS DIFFERENT?

Even a clear design language allows for many interpretations; sometimes inspiration leads to difficult cuts. A good look at what has been created so far often helps: even if a new ŠKODA may seem radical, it is still the sum of its predecessors. This is important to us.

WIE ANDERS IST ANDERS?

Auch eine klare Designsprache lässt viele Interpretationen zu, manchmal führt die Inspiration zu harten Schnitten. Oft hilft ein Blick auf das bereits Geschaffene: Auch wenn ein neuer ŠKODA deutlich anders aussieht, ist er doch die Summe seiner Vorgänger. Das ist uns wichtig.

JAK ODLIŠNÁ JE ODLIŠNOST?

I zcela jasný designový jazyk umožňuje různé interpretace; inspirace někdy vede k radikálním řezům. Často pomůže, když se pozorně zadíváte na to, co bylo vytvořeno doposud. Ačkoli může nový vůz značky Škoda vypadat zcela odlišně, stále v sobě nese odkaz svých předchůdců. A to je pro nás důležité.

STEP ONE

EMOTIONS RUN DEEP.

The message that the objects or materials conceal often triggers inspiration. In automotive engineering, it's important to combine the requisite rational thinking with customer needs. This results in a very special power to find new approaches.

EMOTIONEN GEHEN TIEF.

Die Botschaft hinter den Dingen oder Materialien löst oft die Inspiration aus. Es gilt, die im Automobilbau nötige Rationalität mit den Anforderungen der Kunden zu verbinden. Daraus entsteht eine ganz besondere Kraft, neue Ansätze zu finden.

EMOCE ZASAHUJÍ HLUBOKO.

Sdělení ukryté v předmětech či materiálech je často nositelem inspirace. V automobilovém průmyslu je důležité kombinovat nezbytné racionální myšlení s potřebami zákazníka. To vše nás intenzivní měrou přivádí ke zcela novým přístupům.

HOW FAR CAN ONE GO?

Our design team loves freedom, but is also a defender of clear directions. The inspiration for a brand must be found by searching for something specific. It's even better if you know what you expect from the final result. We have to know which feelings we want to get through to right from the start.

WIE WEIT KANN MAN GEHEN?

Unser Design-Team ist freiheitsliebend, aber verfolgt klare Richtungen: „Die Inspiration für die Marke muss man gezielt finden. Besser man weiß, was vom Endergebnis erwartet wird. Wir müssen vorher wissen, welche Gefühle wir erreichen wollen."

JAK DALEKO MŮŽEME ZAJÍT?

Náš tým designérů má rád svobodu, současně je však zastáncem jasného pravidla: Inspiraci pro značku je třeba hledat v něčem specifickém. Ještě lepší pak je, když víte, co očekáváte od konečného výsledku. Už od začátku musíme vědět, jaké pocity chceme vyvolat.

THE SKE
IS THE BE
OF A PR

Every detail of a car contributes to the overall impression and shape. We have to visualize these ideas. The road leading to the car has many lanes. Let's sketch what we have in mind.

Form und Gesamteindruck eines Autos entstehen aus vielen Details. Solche Ideen müssen wir sichtbar machen, denn viele Wege führen zum Auto. Lassen sie uns das skizzieren.

Každý detail automobilu přispívá k jeho celkovému dojmu a tvaru. Své myšlenky musíme převést do vizuální podoby. Cesta k hotovému automobilu vede po mnoha různých liniích. Pojďme si načrtnout, co tím myslíme.

TCH

INSPIRATION BECOMES IMAGINATION
CHARACTER COMES FROM THE SOUL

GINNING OCESS

INSPIRATION WIRD ZU VORSTELLUNG
CHARAKTER ERWÄCHST AUS DER SEELE

INSPIRACE SE STÁVÁ IMAGINACÍ
CHARAKTER VYCHÁZÍ Z DUŠE

THE GRILLE AND

Lending the car character starts with the front: a wide, flat, and slightly curved radiator grille and emphasized dome.
Der Charakter eines Autos beginnt beim Antlitz: breiter, flacher, leicht gekrümmter Kühlergrill und stark betonte Haube.
Tvorba charakteru vozidla začíná přídí: široká, mírně zakřivená mřížka chladiče a zvýrazněná kapota.

POWERDOME

FRONT LIGHTS

A distinctive shape and dynamic look emphasized by the sharp-edged four-eyed face.
Unverwechselbare Form und dynamischer Look, betont durch vier scharfkantige Augen.
Charakteristický tvar a dynamický vzhled zvýrazněný čtyřokou tváří s ostrými hranami.

WHEELS

The expression of movement – the wheels define how you look at the side of a car.
Ausdruck der Bewegung – die Räder entscheiden, wie das Auto von der Seite auf uns wirkt.
Výraz pohybu – kola jsou určujícím prvkem při pohledu na bok automobilu.

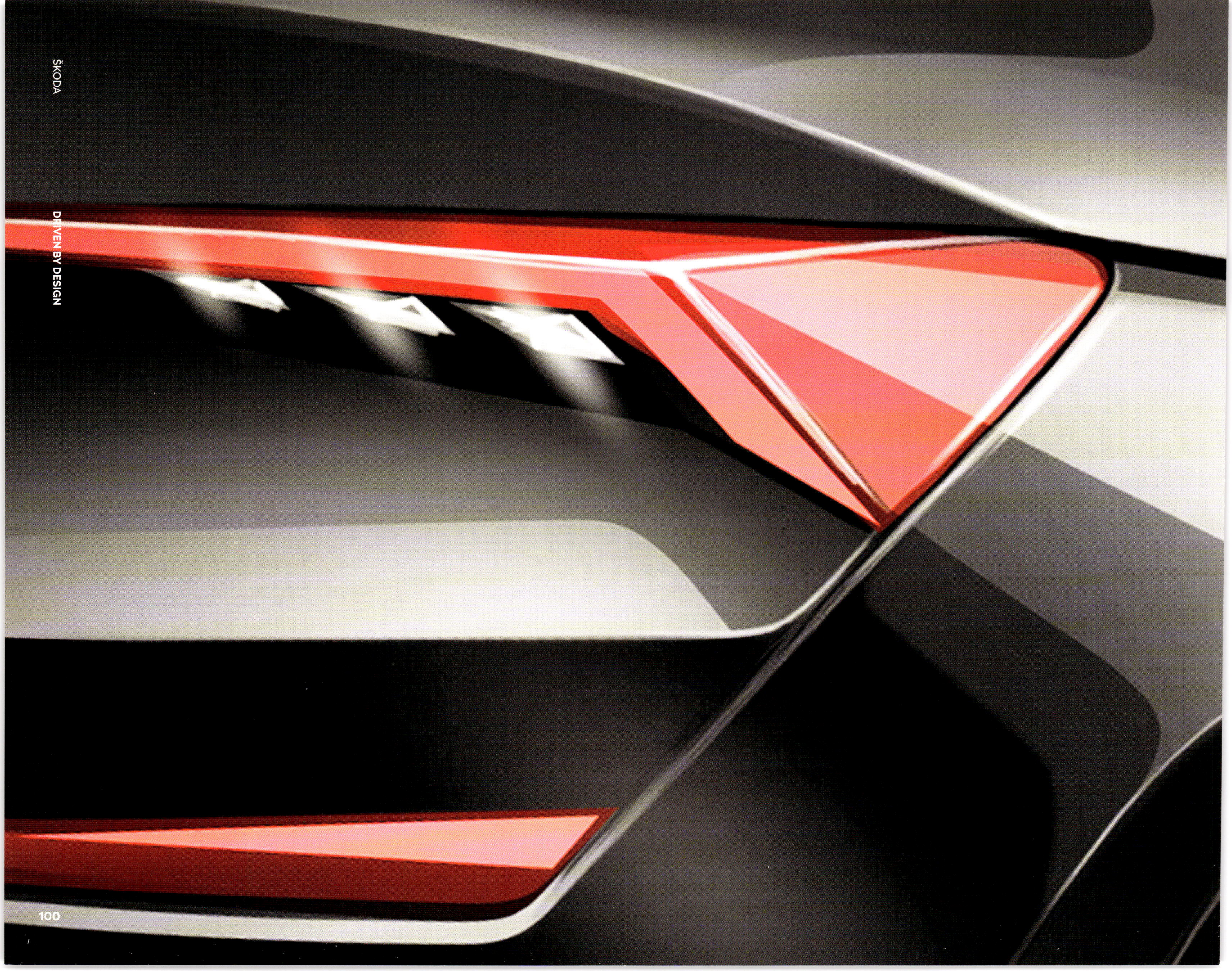

TAIL LIGHTS

Like cut-glass crystal, the C-shaped lights became typical of ŠKODA.
Geschliffen wie Kristall, sind die die C-förmigen Lichter typisch für ŠKODA.
Světla ve tvaru písmene “C” připomínající broušené sklo, se stala typickým znakem značky ŠKODA.

FAMILY-ORIENTED

The dynamic, elegant, and sharp design of the exterior translates into a spacious, comfortable interior.
Das dynamische, elegante und rasante Außendesign wird in ein geräumiges, komfortables Interieur übertragen.
Dynamický, elegantní a ostrý design exteriéru se promítá i do prostorného a pohodlného interiéru.

INTERIOR

»The question is not what you look at, but what you see.«

»Die Frage ist nicht,
was man anschaut,
sondern was man sieht.«

»Nezáleží na tom, na
co se díváte, ale na tom,
co vidíte.«

THE BLUEPRINT OF A MOVEMENT
TRANSFER WHAT YOU HAVE IN MIND

GRUNDRISS EINER BEWEGUNG
ÜBERTRAGE, WAS DU IM KOPF HAST

NÁČRT POHYBU
VYJÁDŘETE TO, CO MÁTE NA MYSLI

Peter Olah
Interior Designer

The visual language of ŠKODA is straightforward, yet highly emotional. The team seeks out the right proportions with unceasing passion for the task. The motion is evident from the first sketches.

Die visuelle Sprache von ŠKODA ist pur und zugleich höchst emotional. Mit unermüdlicher Leidenschaft spürt das Team die richtigen Proportionen auf. Schon die ersten Skizzen drücken die Bewegung aus.

Vizuální jazyk značky ŠKODA je jednoduchý a přitom vysoce emocionální. Její tým se vždy s neutuchajícím nadšením pro daný úkol snaží najít správné proporce. Již z prvních skic je patrné vyjádření pohybu.

»THE CAR SHOULD LOOK AT YOU LIKE A HUMAN BEING.«

»DAS AUTO SOLLTE EINEN ANSCHAUEN WIE EIN MENSCHLICHES WESEN.«

»AUTOMOBIL BY SE NA VÁS MĚL DÍVAT JAKO LIDSKÁ BYTOST.«

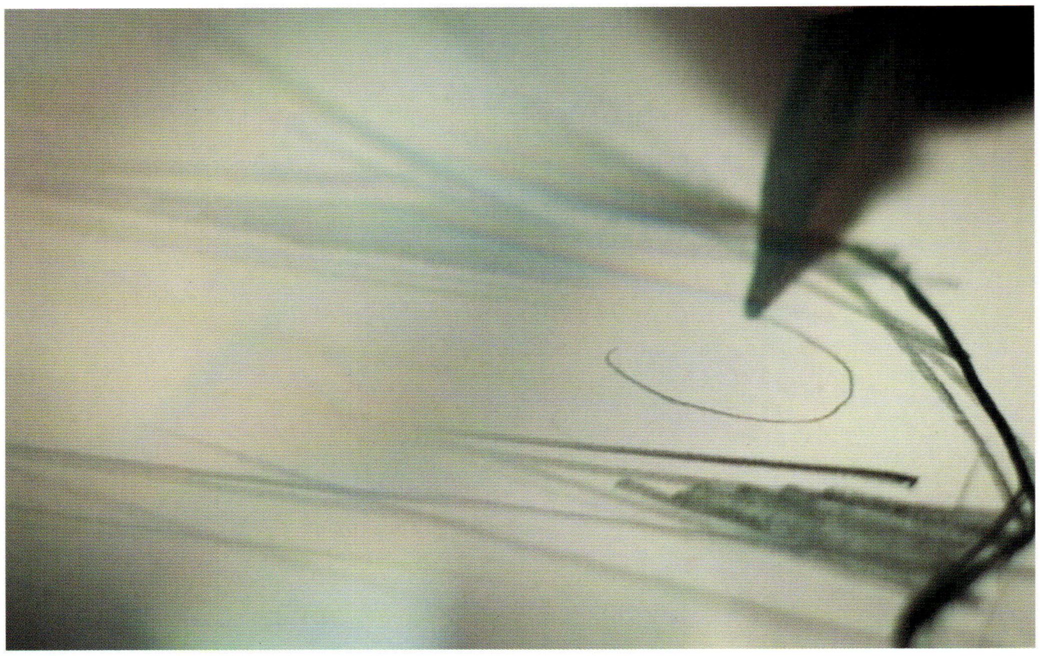

The genesis of a new automobile needs a method, but also diversity. The ŠKODA design team is home to designers from more than 20 nations.

Die Erschaffung eines neuen Autos verlangt Methode, aber auch Vielfalt. Im ŠKODA-Design-Team arbeiten Designer aus mehr als 20 Ländern zusammen.

Vývoj nového automobilu vyžaduje určitou metodu, ale také názorovou diverzitu. V týmu designérů společnosti ŠKODA pracují návrháři z více než 20 zemí světa.

AN ELEGANT EXPRESSION OF FORM AND EMOTION

Creating something is much more than just putting parts together. Design ensures there is a value, a meaning. Our cars are designed to be as expressive and bold as their drivers. They are modern, dynamic, and elegant. We speak the language of emotion.

ELEGANTER AUSDRUCK VON FORM UND EMOTION

Etwas zu erschaffen ist so viel mehr, als ein paar Teile zusammenzufügen. Wo Design ist, gibt es mit Sicherheit einen Wert, eine Bedeutung. Unsere Fahrzeuge sind genauso ausdrucksstark und kraftvoll wie ihre Fahrer. Sie sind modern, dynamisch und elegant. Wir sprechen die Sprache der Emotion.

ELEGANTNÍ VYJÁDŘENÍ TVARU A EMOCÍ

Chceme-li něco vytvořit, znamená to udělat více, než jen sestavit příslušné součásti. Design zajišťuje výrobku jeho hodnotu a význam. Naše vozy jsou navrženy tak, aby byly stejně výrazné a odvážné jako jejich řidiči. Jsou moderní, dynamické a elegantní. Hovoříme řečí emocí.

Omer Halilhodžić
Exterior Designer

The right approach to sketching is to create with the heart, but to compose with the mind. Sketches are an important step in turning your ideas into reality. But always stay authentic – and combine the ideas in new, surprising ways.

Beim Skizzieren entwirft das Herz und der Verstand leitet die Hand. Skizzen sind ein wichtiger Schritt, um deine Ideen Wirklichkeit werden zu lassen. Aber bleibe immer authentisch – und kombiniere die Ideen auf neue und überraschende Weise.

Správný přístup ke skice znamená vytvořit ji srdcem, ale dokončit v hlavě. Vytváření skic je důležitým krokem při přeměně nápadů ve skutečnost. Vždy je ale třeba zachovat autentičnost a dávat nápady dohromady novými, překvapivými způsoby.

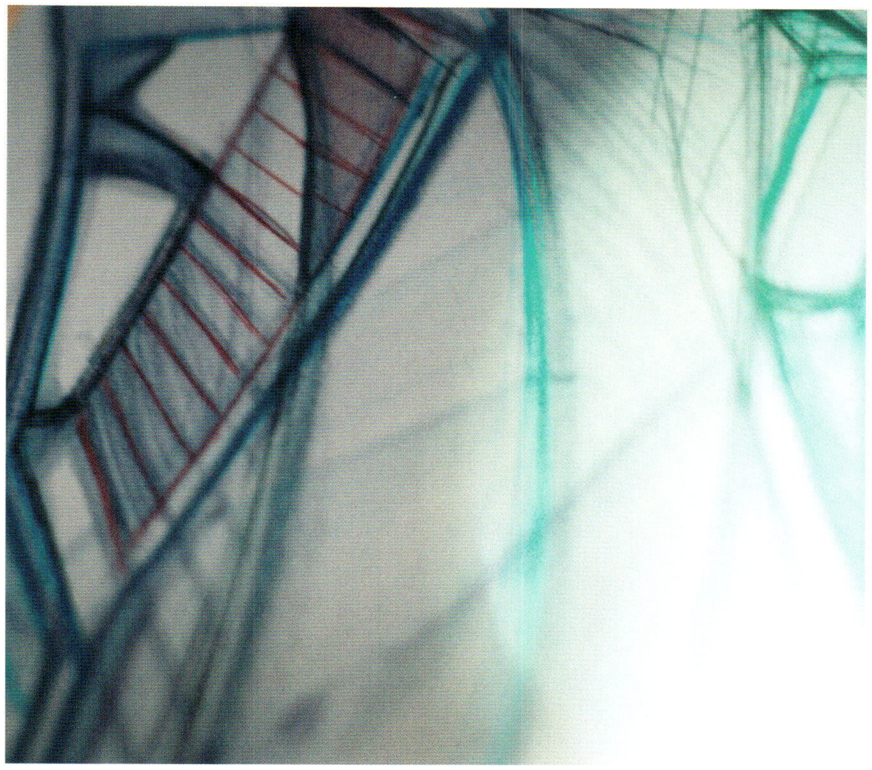

STEP TWO

DRAWING IS THINKING WITH YOUR HANDS.

Designers putting their visions on paper is still the best way to bring transparency to ideas and to turn inspiration into concrete concepts. The drawing pencil teases out the movements that will subsequently emerge.

ZEICHNEN IST DENKEN MIT DER HAND.

Transparenz in seine Ideen zu bringen, die Inspiration in konkrete Ansätze zu verwandeln, das geht immer noch am besten, wenn die Designer ihre Vorstellungen zu Papier bringen. Der Zeichenstift imitiert, wie später die Bewegungen sein werden.

KRESLENÍ JE VLASTNĚ MYŠLENÍ RUKAMA.

Přenášení vlastních vizí na papír je stále tím nejlepším způsobem, jakým designéři prezentují svoje myšlenky a proměňují inspiraci v konkrétní koncepty. Tahy tužkou dokážou odhalit pohyby, které budou patrné až později.

HOW TO DESIGN A ŠKODA SKETCHES KEEP THE IDEAS ROLLING

WIE DAS DESIGN EINES ŠKODAS ENTSTEHT SKIZZEN LASSEN DIE IDEEN SPRUDELN

JAK SE NAVRHUJE AUTOMOBIL ZNAČKY ŠKODA SKICY UDRŽUJÍ MYŠLENKY V POHYBU

ANY QUESTIONS?

The more the better! Anyone who isn't constantly second-guessing while sketching can only scratch the surface. But even in two dimensions, we aim to go in-depth: Is the first draft good enough? What's in it for the customer? How can we make it more aesthetically pleasing?

WAS IST MIT DEN FRAGEN?

Her damit! Wer sich beim Sketching nicht ständig hinterfragt, der wird nur Oberfläche schaffen. Gefragt aber ist auch schon in der Zweidimensionalität der Tiefgang: Trägt der erste Wurf? Was hat der Kunde davon? Wie geht es noch ästhetischer?

NĚJAKÉ DOTAZY?

Čím více, tím lépe! Kdo při skicování svůj návrh nepodrobuje kritice, zabývá se daným úkolem pouze povrchně. My však chceme jít do hloubky i v dvourozměrném vyjádření. Je první návrh dost dobrý? Jaký je jeho přínos pro zákazníka? Jak ho můžeme upravit, aby byl estetický výsledek dokonalejší?

STEP TWO

IMAGINATION.

The process of moving from an idea to a sketch and ultimately a design for a future automobile is a painstaking maturation process. And a process in which one sees how just a few lines already begin to define the ultimate character of the vehicle.

VORSTELLUNGSKRAFT.

Aus einer Idee erst eine Skizze und dann einen Entwurf für ein künftiges Automobil zu machen, das ist schon ein sehr exakter Reifeprozess. Und man erkennt, wie selbst wenige Linien bereits den späteren Charakter des Fahrzeugs definieren.

IMAGINACE.

Promítnutí myšlenky do skicy a nakonec i do samotného designu budoucího automobilu představuje složitý proces vývoje. Je to proces, kdy vidíte, jak již pouhých několik čar tužkou začíná určovat konečný charakter navrhovaného vozidla.

IT'S ALL ABOUT THE DETAILS.

It takes thousands of sketches before the individual approaches begin to come together as a compelling whole. Automotive design has nothing to do with chance. The demands of production, sales, and the law all flow into the design process.

ALLES HÄNGT VON DEN DETAILS AB.

Tausende Skizzen sind nötig, bis sich die einzelnen Ansätze zu einem großen Ganzen fügen. Automobildesign hat nichts mit Zufall zu tun. Die Ansprüche von Produktion, Vertrieb und Gesetzgebern fließen in die Gestaltung mit ein.

VŠE ZÁLEŽÍ NA DETAILECH.

Je třeba vytvořit tisíce skic, než se jednotlivé přístupy začnou spojovat v přesvědčivý celek. V automobilovém designu nelze ponechat nic náhodě. Na procesu navrhování se odrážejí požadavky z oblasti výroby, prodeje a legislativy.

STEP TWO

GOING DIGITAL.

Lines can be very emotional indeed. Computer-aided design (CAD) turns drawings into three-dimensional designs on the computer screen. Rotating, turning, and modifying ensure a highly malleable process.

JETZT WIRD ES DIGITAL.

Linien können durchaus etwas Emotionales sein. Mittels Computer Aided Design (CAD) werden aus den Zeichnungen dreidimensionale Konstruktionen auf dem Bildschirm. Drehen, Wenden, Verändern wird nun zu einem plastischen Vorgang.

PŘEVOD DO DIGITÁLNÍ PODOBY.

Čáry umějí být skutečně velmi emotivní. Software pro počítačové navrhování (CAD) umožňuje převádět nákresy do trojrozměrných návrhů na monitoru. Těmi pak dokáže otáčet a dále je flexibilně upravovat.

WHAT HAPPENS WITH ALL THE PAPER?

The collected drawings and computer animations give the modellers critical information on how to give shape to the model. This then becomes the next step in the design process – prototypes, broken down into data sets (packages).

WAS WIRD AUS DEM VIELEN PAPIER?

Die gebündelten Zeichnungen und Computer-Animationen geben den Modelleuren entscheidende Informationen, wie das Modell geformt werden soll. Das wird dann der nächste Schritt des Designprozesses – Prototypen, in Datensätze (Packages) zerlegt.

CO SE STANE SE VŠÍM TÍM PAPÍREM?

Z vytvořených kreseb a počítačových animací získávají modeláři důležité informace o tom, jaký vytvořit model. Jeho výroba se pak stává dalším krokem v procesu navrhování – vznikají prototypy rozložené do souborů dat.

WHEN AN IS TAKIN SCULPT

Our cars are all about character. They have a body, but we need to give them a soul. It is a very specific magic.

Bei unseren Autos geht es um den Charakter. Der Körper ist da, aber wir müssen ihnen eine Seele geben. Darin liegt der besondere Zauber.

Naše vozidla mají jedinečný charakter. Mají tělo (karoserii), my jim však potřebujeme vtisknout duši, která jim dodá zvláštní kouzlo.

IDEA

G SHAPE:

URE

SHOWING OUR SOUL WITH OUR SENSE OF TOUCH
CARS APPEAL TO ALL OUR SENSES

WIR BERÜHREN DADURCH, DASS WIR GEFÜHLE ZEIGEN
AUTOS SPRECHEN ALLE SINNE AN

JAK UKÁZAT DUŠI POMOCÍ HMATU
AUTA PŮSOBÍ NA VŠECHNY NAŠE SMYSLY

Elena Ristancevská – Interior Designer

SEE

The first impression is everything – the automobile has to be a stunner.
Der erste Augenblick entscheidet – das Automobil muss ein Hingucker sein.
První dojem je zdaleka nejdůležitější – automobil vás musí ohromit.

Kateřina Vránová – Color and Trim Designer

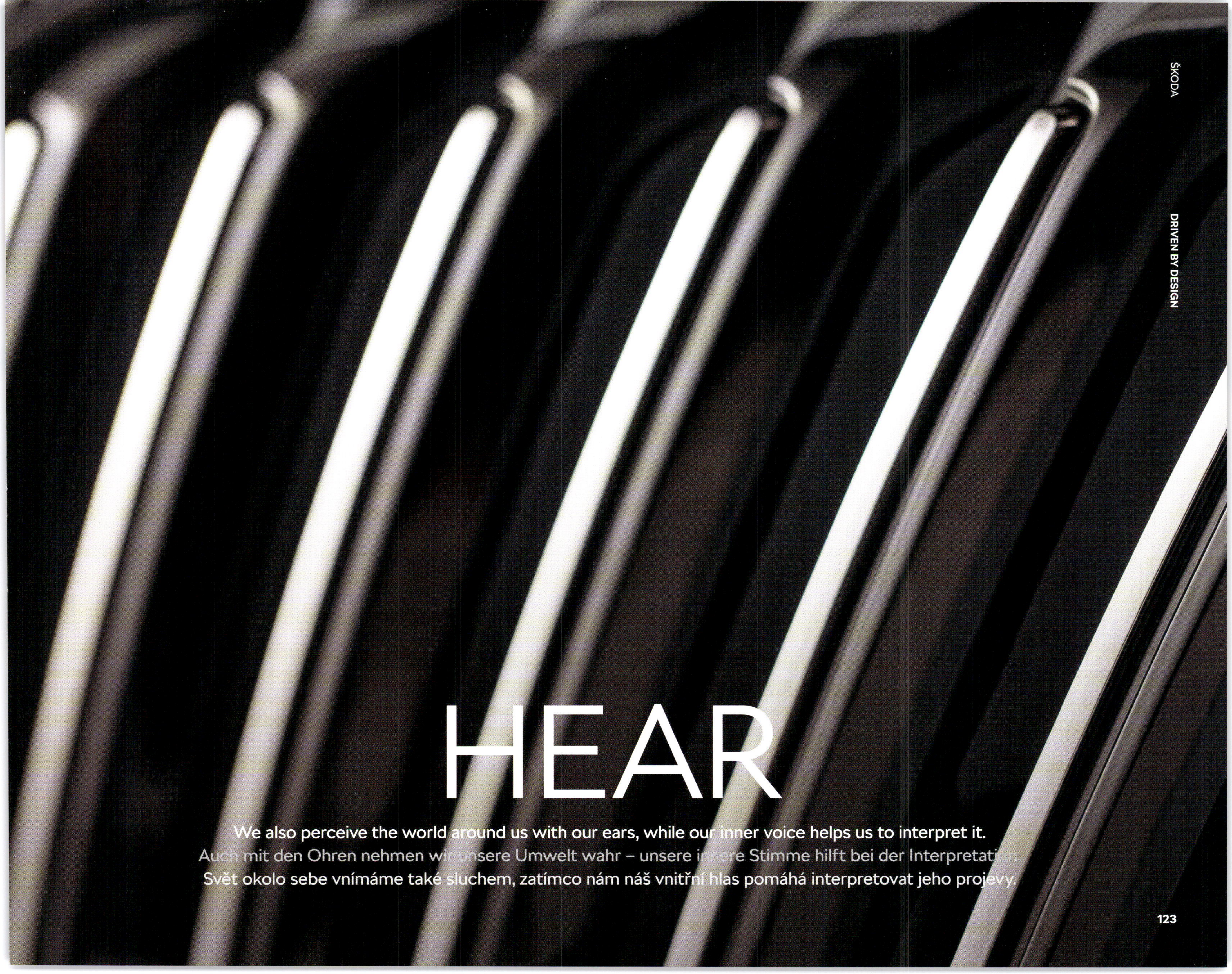

HEAR

We also perceive the world around us with our ears, while our inner voice helps us to interpret it.
Auch mit den Ohren nehmen wir unsere Umwelt wahr – unsere innere Stimme hilft bei der Interpretation.
Svět okolo sebe vnímáme také sluchem, zatímco nám náš vnitřní hlas pomáhá interpretovat jeho projevy.

Marwan Khiat – Interior Designer

SMELL

Smells should be perceptible, but they mustn't be unpleasant. You have to have a nose for it.
Gerüche sollen wahrnehmbar, aber nicht aufdringlich sein. Dafür braucht man den richtigen Riecher.
Vůně a pachy by měly být vnímatelné, nesmějí však být nepříjemné. Musíte na to mít čich.

Kateřina Vránová – Color and Trim Designer

TASTE

Figuratively speaking, you have to appeal to the sense of taste as well.

Im übertragenen Sinn geht es auch darum, den richtigen Geschmack zu treffen.

Obrazně řečeno, musíte zapojit i chuť.

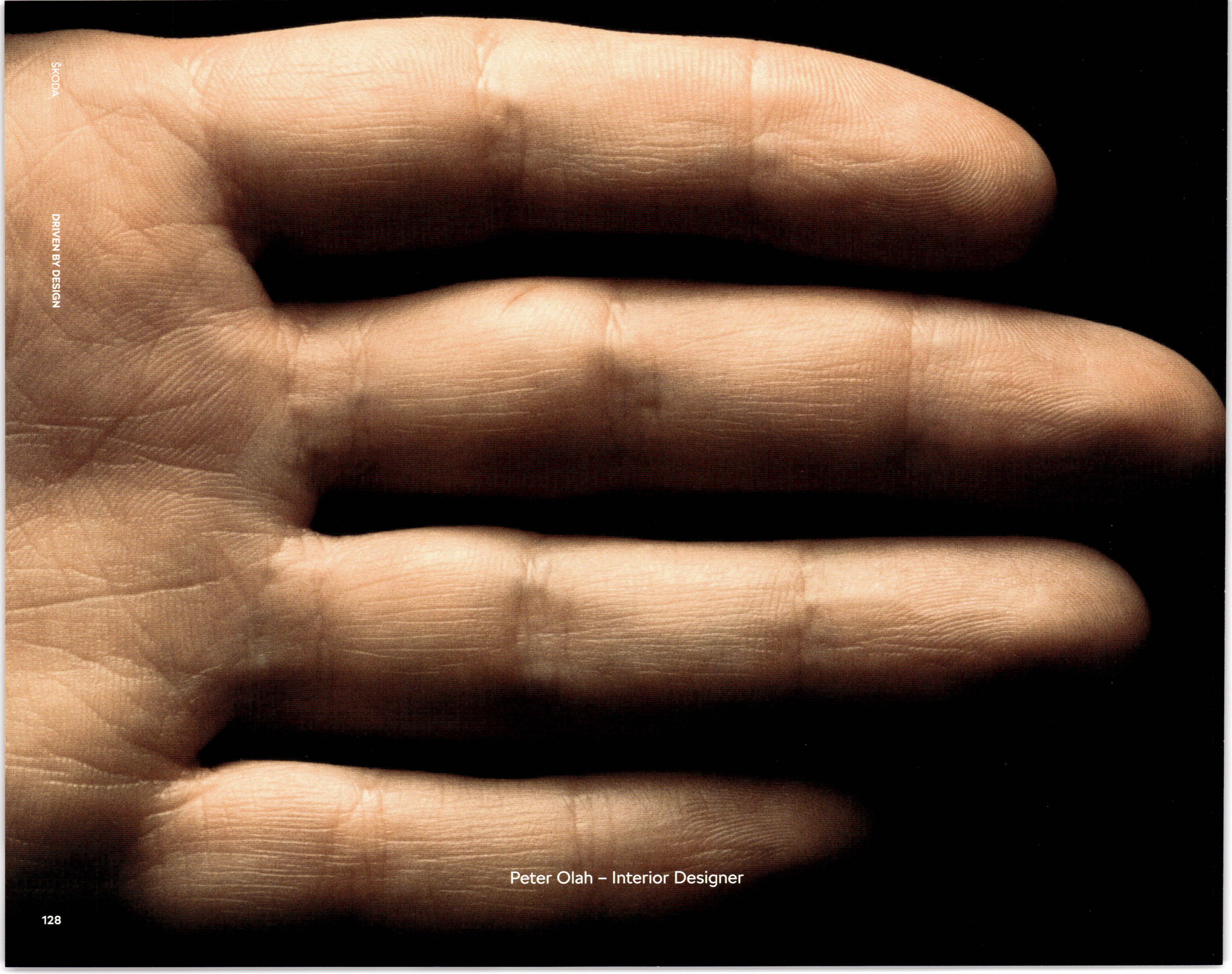

Peter Olah – Interior Designer

FEEL

Feeling is when moving moments are in the palm of your hand.
Haptik ist, wenn berührende Momente auf der Hand liegen.
Hmat přijde na řadu, až ucítíte pohyb v dlaních.

GIVE YOUR IDEAS THE RIGHT SPACE
REAL CARS, REAL PEOPLE

We give a lot of thought to space. Both the space we make for a ŠKODA in our lives, and the space that the automobile itself provides. When we design a new model, we listen to people and involve them in the process. We want to sense what moves people.

DER RICHTIGE RAUM FÜR DEINE IDEEN
ECHTE AUTOS, ECHTE MENSCHEN

Wir beschäftigen uns sehr viel mit Raum. Mit dem Raum, den ein ŠKODA generell im Leben einnimmt, und mit dem Raum, den das Auto selbst gibt. Wenn wir ein neues Modell gestalten, hören wir auf die Menschen, beziehen sie in den Prozess ein. Wir wollen spüren, was die Menschen bewegt.

DEJTE SVÝM MYŠLENKÁM SPRÁVNÝ PROSTOR
SKUTEČNÁ AUTA, SKUTEČNÍ LIDÉ

Klademe velký důraz na prostor. Jak na prostor, který ve svých životech věnujeme značce ŠKODA, tak i na prostor, který poskytuje samotný automobil. Při navrhování nového modelu nasloucháme lidem a zapojujeme je do procesu. Chceme se vcítit do jejich potřeb.

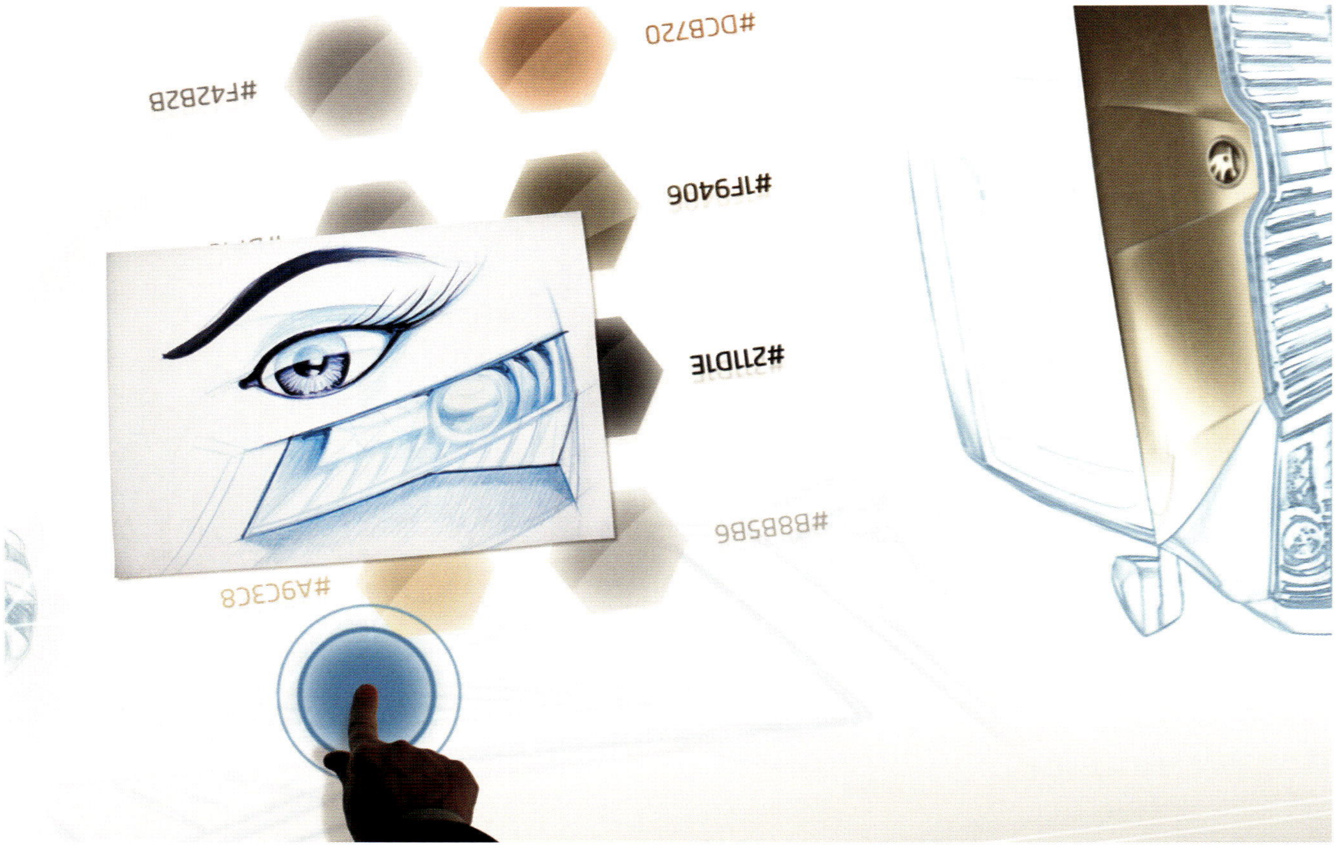

People like to keep moving. Understanding the world is the force that keeps us moving forward. That's why we like to consider our automobiles to be sculptures. Designed to meet our high standards, and shaped by the high expectations of our customers. We continuously strive to satisfy everyone's needs.

Der Mensch ist ein Wesen in Bewegung. Sein Antrieb ist das Begreifen. Deshalb sehen wir unsere Automobile auch als Skulpturen. Geformt nach unseren hohen Ansprüchen und geprägt von den hohen Erwartungen unserer Kunden. Immer wieder aufs Neue müssen wir diesen Bedürfnissen gerecht werden.

Člověk je bytost v pohybu. Touha pochopit tento svět ho žene pořád dál. Proto o našich automobilech uvažujeme jako o uměleckých dílech. Jsou navržena tak, aby odpovídala nejvyšším standardům, a jejich design odráží vysoká očekávání našich zákazníků, jejichž potřeby se neustále snažíme uspokojovat.

SPECIFICALLY TAILORED WITH AN ADDED ŠKODA VALUE

Discussing, anticipating, reviewing is the daily business in ŠKODA's design department. The beauty of sculpturing is to find the right direction together.

Marwan Khiat
Interior Designer

SPEZIAL-ANFERTIGUNG MIT DEM MEHRWERT VON ŠKODA

Alltag in der Abteilung ŠKODA-Design: Erörtern, vorausschauen, überarbeiten. Das Schöne am Gestalten ist, gemeinsam den richtigen Weg zu finden.

SPECIFICKY UPRAVENO S PŘIDANOU HODNOTOU ŠKODA

Diskuse, předvídání, přehodnocování – to jsou v oddělení designu společnosti ŠKODA každodenní činnosti. Krása tvorby spočívá ve společném nacházení správného směru.

CREATE, SIMPLIFY, CHANGE, SATISFY CONVINCED BY EMOTIONS

Designers design, modify, simplify, and dramatize. These opposing forces generate the right tension and allow the ideas to take shape. The art of sculpturing an automobile.

Designer gestalten, verändern, vereinfachen, dramatisieren. Die gegensätzlichen Pole erzeugen am Ende die richtige Spannung und lassen die Ideen Gestalt annehmen.
Das Auto als Skulptur.

Designéři navrhují, upravují, zjednodušují a zvýrazňují. Tyto protikladné síly vytvářejí správné napětí a dávají myšlenkám tvar. Stvořit automobil je umění.

ENTWERFEN, VEREINFACHEN, ÄNDERN, ERFÜLLEN EMOTIONEN ÜBERZEUGEN

VYTVOŘIT, ZJEDNODUŠIT, ZMĚNIT, USPOKOJIT EMOCE PŘESVĚDČUJÍ

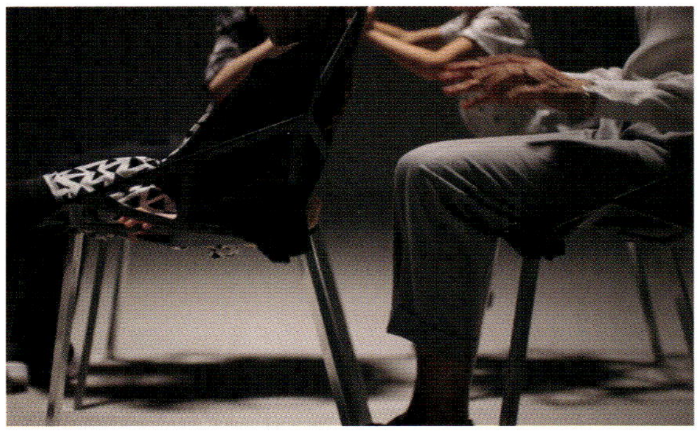

»If you lose your curiosity, you fall behind.«

»Wer die Neugier verliert,
verpasst den Anschluss.«

»Jestliže ztratíte zvědavost,
zůstanete pozadu.«

»AN EXPRESSION OF FORM, EMOTION, AND MOVEMENT.«

»AUSDRUCK VON FORM, EMOTION UND BEWEGUNG.«

»VYJÁDŘENÍ TVARU, EMOCÍ A POHYBU.«

The elegance of the human body, combined with its many functions – there could be no better model for modern automotive design.

Die Eleganz des menschlichen Körpers, kombiniert mit seinen vielen Funktionen – ein besseres Vorbild gibt es auch für das moderne Automobildesign kaum.

Elegance lidského těla spojená s řadou jeho funkcí – pro moderní automobilový design snad neexistuje lepší vzor.

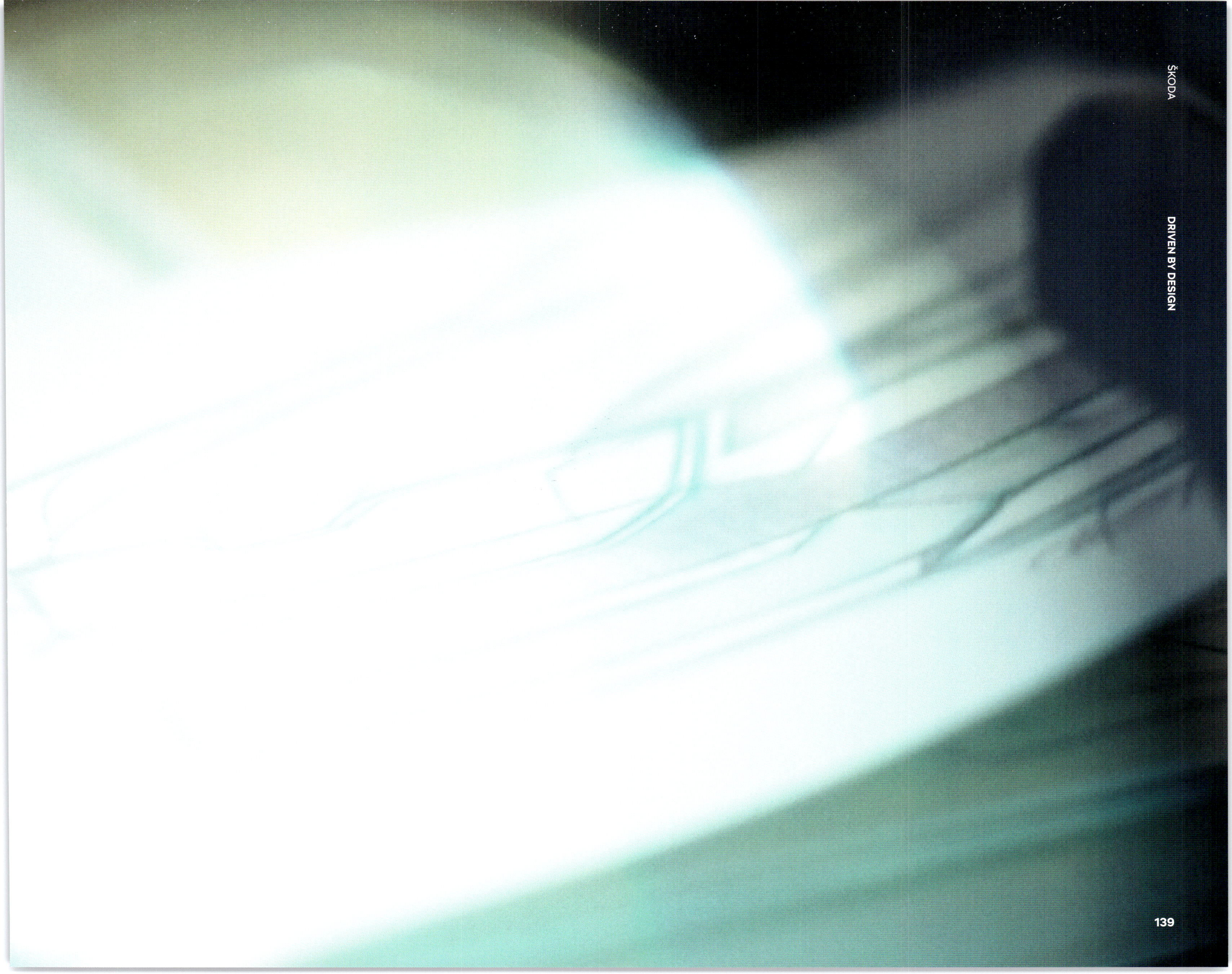

STEP THREE

STILL CRAFTED BY HAND.

Mountains of clay are required, and used, to turn ideas into 1:1 scale models. Creating vehicles out of clay is the work of specialists, the sculptors of the automotive industry. They lend expression to the designs.

NOCHMALS HANDARBEIT.

Berge von Clay (Industrieplastilin) werden gebraucht und verbraucht, um die Ideen in ein 1:1-Modell umzusetzen. Aus dem Clay ein Fahrzeug herauszuarbeiten, ist das Werk von Spezialisten – den Bildhauern der Automobilbranche. Sie geben dem Entwurf Ausdrucksstärke.

TVAROVÁNO RUKAMA.

Aby se myšlenky proměnily v modely 1:1, potřebujete hory hlíny. Vytváření hliněných modelů je práce pro odborníky – sochaře automobilového průmyslu, kteří dodávají návrhům výraz.

HOW TO DESIGN A ŠKODA
WHERE IDEAS BECOME SCULPTURES

WIE DAS DESIGN EINES ŠKODAS ENTSTEHT
WO IDEEN ZUR SKULPTUR WERDEN

JAK NAVRHNOUT ŠKODOVKU
KDE SE Z MYŠLENEK STÁVAJÍ MODELY

WHY DO YOU NEED CLAY?

The clay models, crafted with great precision to the specifications of the designs, are living sculptures – a bit less here, a bit more there ... This concentrated work with spatulas and knives is what imbues each line with its ultimate significance.

WOZU BRAUCHT MAN CLAY?

Die Modelle aus Clay, exakt nach den Entwürfen herausgearbeitet, sind lebendige Skulpturen – hier noch ein bisschen weg, da noch ein bisschen dazu ... Jede Linie gewinnt durch die konzentrierte Arbeit mit Spateln und Messern erst ihre Bedeutung.

NA CO HLÍNU?

Hliněné modely vytvořené s velkou přesností podle návrhů designérů jsou jako živé sochy. Tady trochu ubrat, sem trochu přidat... Soustředěná práce se špachtlemi a noži dodává každé linii rozhodující význam.

STEP THREE

UNDERSTANDING THROUGH MODELLING.

The degree to which the material and the people harmonize with each other is crucial for the automobile being produced. Of course, a clay model can't predict its reception. But it does demonstrate how much emotion is in the design – whether the car bears the soul of ŠKODA within it.

BEGREIFEN DURCH MODELLIEREN.

Wie Material und Mensch harmonieren, ist für das spätere Automobil entscheidend. Natürlich kann ein Clay-Modell das nicht vorwegnehmen. Aber es zeigt bereits, wie viele Emotionen im Entwurf stecken – und ob das Auto die Seele von ŠKODA in sich trägt.

POCHOPENÍ PROSTŘEDNICTVÍM MODELOVÁNÍ.

Nakolik se navzájem harmonicky prolnou lidé s materiálem, je pro vyráběný automobil nanejvýš důležité. Z hliněného modelu samozřejmě nepoznáme, jak ho přijmou zákazníci, ukazuje však kolik emocí je skryto v designu a zda v sobě automobil ponese duši značky ŠKODA.

AND NOW FOR SOME TAPE.

Taping is not just for physical therapists. Working with elastic tape is essential for automotive designers as well. They use it to highlight and modify the lines on the models – this is how the silhouette gains its contours.

JETZT NOCH EIN BISSCHEN KLEBEBAND.

Taping ist nicht nur den Physiotherapeuten vorbehalten. Für Automobildesigner ist die Arbeit mit den elastischen Bändern entscheidend. Auf diesem Weg unterstreichen und verändern sie die Linienführung auf den Modellen – die Silhouette bekommt Konturen.

A TEĎ KOUSEK PRUŽNÉ PÁSKY.

Tejpování nepoužívají jenom fyzioterapeuti. Práce s pružnou páskou je nezbytná také pro automobilové designéry. Používají ji ke zdůraznění a úpravě linií na modelech – silueta tak dostává své kontury.

STEP THREE

AND WHAT ABOUT THE REST?

Meticulous craftsmanship and a passion for design characterize the interior designers' simultaneous processes of determining the color and trim. After all, what applies to the exterior applies in equal measure to the interior: if anything, this actually increases the number of potential variations in color and shape.

UND WAS IST MIT DEM ÜBRIGEN AUSSEHEN?

Sensible Handarbeit und großer Gestaltungswille zeichnen auch die parallel laufenden Prozesse bei den Interieur-Designern und Color & Trim aus. Denn was für außen gilt, ist für innen ebenso wichtig. Die Variationsmöglichkeiten von Farben und Formen sind hier sogar noch größer.

A CO ZBYTEK?

Souběžné procesy výběru barvy a konečného tvaru se vyznačují precizní řemeslnou prací designérů interiéru a jejich nadšením pro design. To, co platí pro exteriér rovněž platí pro interiér. Zvyšuje se tím počet možných variací barev a tvarů.

THE BODY IS PERFECT.

The genesis of a new ŠKODA model is a highly emotional and dynamic process. The sculpture makes the perfection of the design into something tangible. All of the elements have to come together and find their proper place in the whole – only then is the study presented to the board.

BIS ALLES PERFEKT IST.

Die Schöpfungsgeschichte eines neuen ŠKODA-Modells ist ein hoch emotionaler und dynamischer Prozess. Die Skulptur macht den Perfektionismus im Design plastisch. Alle Elemente müssen zusammenkommen und ihren richtigen Platz finden – erst dann wird die Studie dem Vorstand präsentiert.

KAROSERIE JE DOKONALÁ.

Zrození nového modelu značky ŠKODA představuje vysoce emocionální a dynamický proces. Model proměňuje dokonalost designu v něco reálného. Všechny prvky se musí spojit a najít své správné místo v celku – teprve pak se může studie předložit vedení.

VISION IS CELEB THE

A show car is like a model on the runway – a heightened reality. It manifests our vision and celebrates the future of the brand.

Ein Showcar ist wie ein Model auf dem Laufsteg: eine potenzierte Wirklichkeit. Es offenbart unsere Vision und feiert die Zukunft der Marke.

Výstavní automobil je jako model na rozjezdové dráze – jde o tzv. „zesílenou realitu“. Ukazuje naši vizi a oslavuje budoucnost značky.

THINKING AHEAD IS OUR JOB
WE NEED TO SHOW HOW WE ARE MOVING

RATING FUTURE

VORAUSDENKEN IST UNSER JOB
WIR MÜSSEN ZEIGEN, WAS UNS BEWEGT

MYSLET DOPŘEDU JE NAŠE PRÁCE
CHCEME UKÁZAT, CO NÁS POHÁNÍ VPŘED

IN GOOD SHAPE: THE VISION D
THE FIRST WORD IN A NEW LANGUAGE

VISION D made its début in 2011 with a new design language, which influenced all subsequent new models. In addition to its modern styling elements, the VISION D uses cutting-edge technologies as well, and emphasizes the sharply defined lines and maximum precision. The sophisticated functionality of the complete car was a big step into the future for ŠKODA, and is still our inspiration and source of design exploration.

GUT IN FORM: VISION D
DAS ERSTE WORT IN EINER NEUEN SPRACHE

2011 hatte der VISION D sein Debüt mit einer neuen Designsprache, die an alle nachfolgenden Modelle weitergegeben wurde. Moderne Stilelemente werden von aktuellster Technologie ergänzt, betont durch die scharf gezogenen Linien und maximale Präzision. Die raffinierte Funktionalität des ganzen Showcars verkörperte einen großen Schritt in die Zukunft von ŠKODA. Es ist noch immer Inspiration und Quelle für unser neues Design.

„VISION D" VE VÝBORNÉ FORMĚ
PRVNÍ SLOVO V NOVÉM JAZYCE

V roce 2011 byl představen model VISION D vytvořený v novém designovém jazyce, který ovlivnil všechny následující modely. Kromě moderních stylingových prvků, důrazu na ostré linie a maximální přesnost, obsahoval VISION D také špičkové technologie. Promyšlená funkčnost celého automobilu byla pro značku ŠKODA velkým krokem do budoucnosti a dosud slouží jako naše inspirace a zdroj výzkumů v oblasti designu.

NEXT STAGE: THE DYNAMIC AMBITION

Expressive, dynamic, confident, emotional – in 2014, ŠKODA presented its first five-door coupé chassis: the next stage in the evolution of our design language. It combines the creative ambition with the dynamism of our brand. The front shows that air of confidence and energy.

NÄCHSTE ETAPPE: VISION C DYNAMISCHE AMBITIONEN

Ausdrucksstark, dynamisch, souverän, emotional – 2014 präsentierte ŠKODA mit seinem ersten fünftürigen Coupé die nächste Etappe seiner Designsprache. Hier verbinden sich kreativer Ehrgeiz und Dynamik der Marke, was die Frontpartie mit Selbstbewusstsein und Energie demonstriert.

DALŠÍ FÁZE: VISION C DYNAMICKÉ AMBICE

Expresivní, dynamické, sebevědomé, emocionální – takto v roce 2014 představila ŠKODA své první pětidveřové kupé, jako další fázi ve vývoji našeho designového jazyka. Kombinuje tvůrčí ambice s dynamikou naší značky. Při pohledu zepředu z tohoto vozidla vyzařuje na první pohled sebedůvěra a energie.

C STANDS FOR COURAGE
CALCULATED EXTRAVAGANCE

The interplay of soft, slightly contoured, concave and convex surfaces as well as sharp, precise lines creates an immediate impact. The surfaces and proportions exhibit a clear arrangement and a striking interaction of light and shadow.

C STEHT FÜR COURAGE
KALKULIERTE EXTRAVAGANZ

Das Wechselspiel leicht konturierter, konkaver und konvexer Flächen mit präzisen Linien erzeugt eine sofortige Wirkung. Mit ihrer klaren Anordnung bieten Flächen und Proportionen ein faszinierendes Spiel von Licht und Schatten.

C ZNAMENÁ ODVAHU (COURAGE)
PROMYŠLENÁ EXTRAVAGANCE

Bezprostřední působení souhry měkkých, mírně konturovaných, konkávních a konvexních povrchů i ostrých, přesných linií. Povrchy a proporce mají jasné uspořádání s nápadnou interakcí světla a stínů.

A CLEAR VIEW FOR VISION S REFLECTING THE BOLD WAY AHEAD

The VISION S demonstrates how the visual language of ŠKODA is developing in the SUV segment. Functionality and aesthetics remain defining parameters; the demand for elegance and a strong character is high. The VISION S is clearly structured, has a solid appearance, and offers an abundance of space.

KLARER BLICK FÜR DEN VISION S: AUF MUTIGEM WEG IN DIE ZUKUNFT

Der VISION S zeigt, wie sich die Designsprache von ŠKODA im SUV-Segment entwickelt. Funktionalität und Ästhetik bleiben erkennbare Parameter, der Anspruch an Eleganz und Charakterstärke ist hoch. Der VISION S ist klar strukturiert, er tritt stabil auf und zeugt von viel Raum.

JASNÁ DEFINICE KONCEPTU VISION S ODRÁŽÍ SMĚLOU CESTU VPŘED

Designová studie VISION S ukazuje, jak se vizuální jazyk značky ŠKODA vyvíjí v segmentu SUV. Určujícími parametry zůstávají funkčnost a estetika, přičemž jsou kladeny vysoké požadavky na eleganci a silný charakter. Model VISION S se vyznačuje jasným uspořádáním, robustním vzhledem a dostatkem prostoru.

EXPRESS YOURSELF
OUR BRIDGE TO THE NEW SUV

The elegance of the VISION S extends throughout the entire silhouette. A lot of time and love were invested in the taut and sporty rear end. The tail lights accentuate the character even more. The VISION S interprets the design language of ŠKODA with sleek clarity and irresistible dynamism.

EXPRESS YOURSELF
BRÜCKENSCHLAG ZUM NEUEN SUV

Die Eleganz des VISION S erstreckt sich über die komplette Silhouette. Viel Zeit und Liebe steckt auch in der straff und sportlich wirkenden Heckpartie. Die Rückleuchten schärfen diesen Charakter zusätzlich. Der VISION S interpretiert die Designsprache von ŠKODA mit eleganter Klarheit und unwiderstehlicher Dynamik.

VYJÁDŘETE SVOJI OSOBNOST
NÁŠ MOST K NOVÉMU SUV

Elegance konceptu VISION S se uplatňuje v celé jeho siluetě. Designéři věnovali spoustu času a nadšení konstrukci pevné a sportovní zádi, jejíž charakter ještě více zdůrazňují zadní světla. Studie VISION S interpretuje designový jazyk značky ŠKODA s elegantní jasností a neodolatelnou dynamikou.

IDEAS, TRANSMITTED INTO THE KODIAQ
A HEALTHY, SPORTY AND DYNAMIC VISION

THE LINES OF THE VISION S ARE DOUBLED, underscoring its robust character. For designers, a vision always has an underlying logic – here it's the commanding character that the SUV is intended to express at first glance. The elegantly modelled bulging muscles on the sides and in the rear exude the same spirit. This clear design language with clever solutions is a priority in this stride into the future as well – a forward-looking philosophy.

And here again the characteristic batting of the eyes. Headlights, like eyes, make the cars

VON DEN IDEEN ZUM KODIAQ
EINE GESUNDE, SPORTLICHE UND DYNAMISCHE VISION

DIE LINIENFÜHRUNG BEIM VISION S IST DOPPELT, was seinen starken Charakter unterstützt. Visionen haben für Designer immer Hintergedanken, hier ist es die Überzeugungskraft, die der SUV auf den ersten Blick ausdrückt. Dafür stehen auch die elegant modellierten Muskelpartien an der Seite und am Heck. Die klare Designsprache mit cleveren Lösungen behält auch bei diesem Schritt in die Zukunft Priorität, es geht um eine nach vorn orientierte Philosophie.

Und wieder dieser charakteristische Augenaufschlag. Sehen die Scheinwerfer aus wie

NÁPADY PŘENESENÉ DO MODELU KODIAQ
ZDRAVÁ, SPORTOVNÍ A DYNAMICKÁ VIZE

LINIE KONCEPTU VISION S JSOU ZDVOJENÉ a zdůrazňují tak jeho robustní charakter. Vize designérů má vždy svou vnitřní logiku – zde je to dominantní charakter, který má z SUV záměrně vyzařovat již na první pohled. Tytéž pocity vzbuzují i elegantně vyboulené tvary na bocích a vzadu. Jasný designový jazyk s inteligentním řešením má v tomto vykročení do budoucnosti prioritu. Je to design mířící vpřed. A opět se setkáváme s charakteristickým pohledem do očí. Světlomety podobné očím vůz jakoby polidšťují. Ačkoli působí dojmem siláka, má Vision S také ukazovat svou přátelskou stránku a samo-

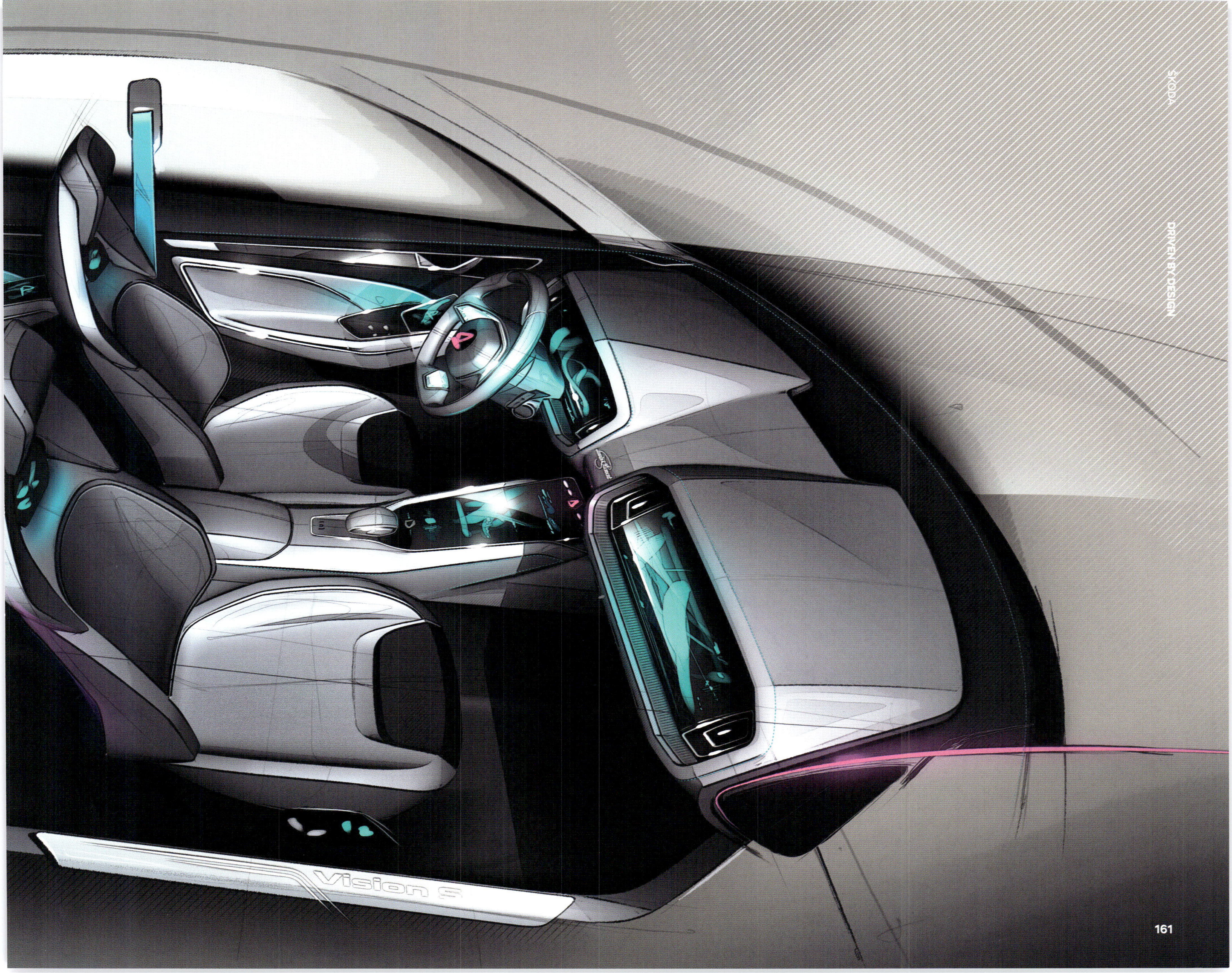
Vision S

more similar to you. In spite of its muscle, the Vision S aims to express a friendly side too – and, of course, it has to be clearly recognizable as a ŠKODA.

Forward-looking design is especially evident in the interior space as well – the emphasis on "space." The designers have paid particular attention to the human machine interface, which connects the human, the automobile, and state-of-the-art communication and data technology. In one respect, the future will be no different: the right balance between emotion and functionality will always be the key.

Augen, bekommt das Auto auf den ersten Blick ein dem Menschen ähnliches Antlitz. Bei aller Kraft soll auch der Vision S viel Sympathie ausstrahlen – und natürlich muss er deutlich als ŠKODA erkennbar sein.

Weitergedachtes Design findet sich gerade auch im Innenraum, bei dem die Betonung auf „Raum" liegt. Ein besonderes Augenmerk legen die Designer auf das Human-Machine-Interface, die Schnittstelle, mit der sich Mensch, Automobil und modernste Kommunikations- und Datentechnik verbinden. Auch in der Zukunft gilt: Es kommt auf die richtige Balance von Emotion und Funktion an.

zřejmě musí být jasně rozeznatelný jako vůz značky ŠKODA.

Design zaměřený na budoucnost je obzvlášť patrný v interiéru, kde se klade důraz na „místo". Designéři také věnovali zvláštní pozornost rozhraní propojující člověka, automobil a nejmodernější komunikační a počítačové technologie. V jednom ohledu bude budoucnost stejná jako současnost: Klíčová bude správná rovnováha mezi emocemi a funkčností.

A BLUEPRINT FOR A NEW ERA
FUNCTIONALITY AT ITS MOST ATTRACTIVE

The exterior is clear-cut, the lines are distinctly three-dimensional – giving the new SUV an unmistakable presence on the road. The interior is also characterized by clear lines and impresses with generous space alongside its elegant appearance.

GRUNDRISS FÜR EIN NEUES ZEITALTER
HOCHATTRAKTIVE FUNKTIONALITÄT

Das Außendesign beeindruckt mit klaren Linien und plastisch geformten Flächen, die dem neuen SUV eine unmissverständliche Präsenz auf der Straße geben. Mit derselben Klarheit beeindruckt er von innen mit großzügigem Raum und Eleganz.

NÁVRH PRO NOVOU ÉRU
FUNKČNOST V NEJPŘITAŽLIVĚJŠÍ PODOBĚ

Díky jasně tvarovanému exteriéru s výraznými trojrozměrnými liniemi působí nové SUV na silnici nezaměnitelným dojmem. Jasnými liniemi se vyznačuje také interiér, který zapůsobí svým prostorem i elegantním vzhledem.

KODIAQ

»... of course, it has to be clearly recognizable as a ŠKODA.«

»... natürlich muss
er deutlich als ŠKODA
erkennbar sein.«

»... samozřejmě musí
být jasně rozeznatelný jako
automobil značky ŠKODA.«

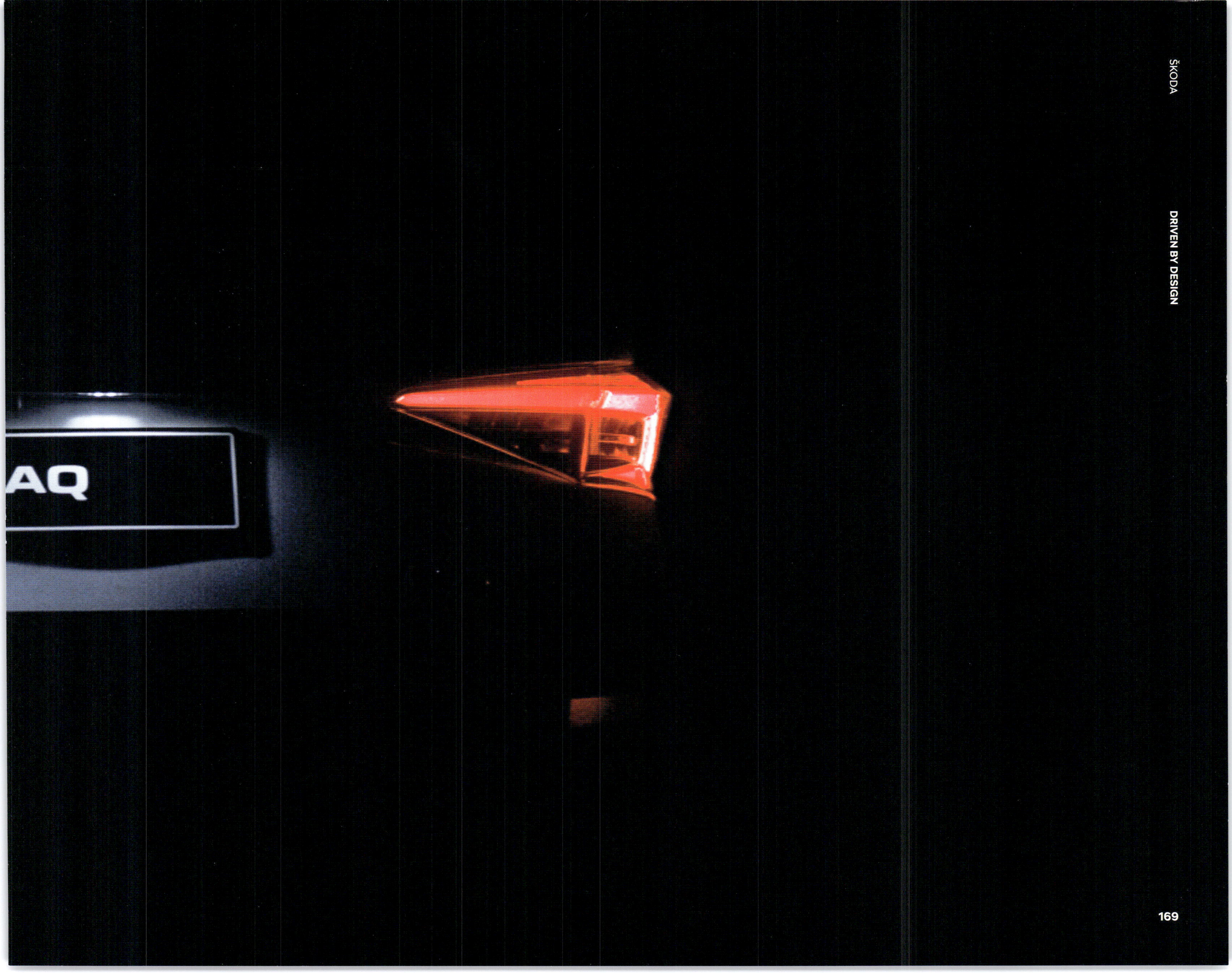
AQ

»BY BELIEVING PASSIONATELY IN SOMETHING THAT STILL DOES NOT EXIST, WE CREATE IT.«

Franz Kafka

»WENN WIR LEIDENSCHAFTLICH
AN ETWAS GLAUBEN,
WAS NOCH NICHT EXISTIERT,
ERSCHAFFEN WIR ES.«

»TÍM, ŽE ZARPUTILE
VĚŘÍME V NĚCO, CO DOSUD
NEEXISTUJE, TAKOVOU
VĚC VLASTNĚ STVOŘÍME..«

ŠKODA DESIGN COMES ALIVE HERE

ACCESS THE DESIGN FILMS FROM ŠKODA BY SCANNING THIS QR CODE WITH YOUR SMARTPHONE.

SCANNEN SIE DEN QR-CODE MIT IHREM SMARTPHONE UND ERLEBEN SIE DIE ŠKODA-DESIGNFILME.

NASKENUJTE SI TENTO QR KÓD POMOCÍ TELEFONU A PODÍVEJTE SE NA VIDEA VĚNOVANÁ DESIGNU ZNAČKY ŠKODA.

ŠKODA DESIGN OPEN 24/7

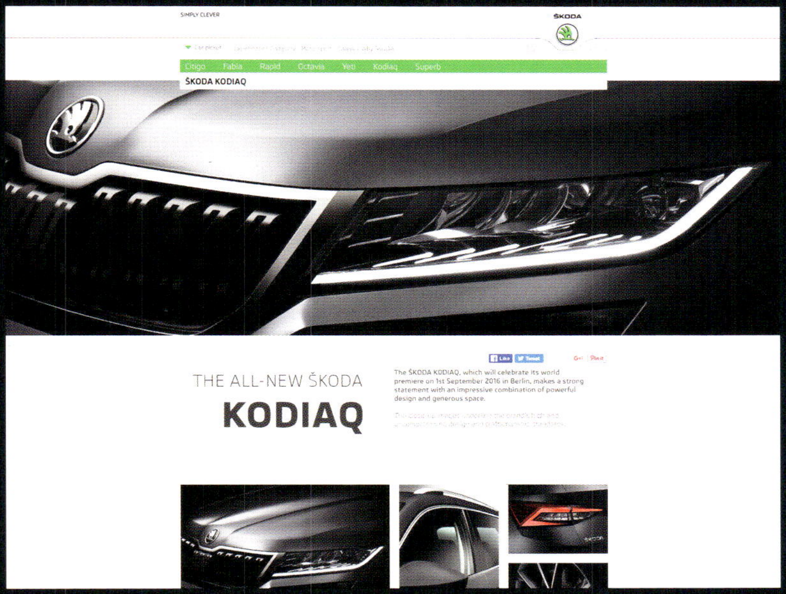

WWW.SKODA-AUTO.COM/EN/MODELS/KODIAQ

VRCHLABÍ (2)
MLADÁ BOLESLAV (1)
KARLOVY VARY
KVASINY (3)
PRAGUE
OSTRAVA
PILSEN
BRNO
ČESKÉ BUDĚJOVICE

HOME IS WHERE THE HEART IS ŠKODA'S THREE CZECH PRODUCTION PLANTS

1. MLADÁ BOLESLAV
Company headquarters, main production center, and also home of the Technical Development department with more than 20,000 employees. Production: Fabia, Rapid, and Octavia model lines; 3-cylinder engines, supercharged TSI engines for ŠKODA cars and other brands of the Volkswagen Group; MQ 100 and MQ 200 gearboxes, axles, and other car components.

2. VRCHLABÍ
Smallest of ŠKODA's three production plants in the Czech Republic with about

ZUHAUSE IST DA, WO DAS HERZ WOHNT DIE DREI TSCHECHISCHEN WERKE VON ŠKODA

1. MLADÁ BOLESLAV
Firmenhauptsitz, Hauptwerk und Standort der Technischen Entwicklung mit mehr als 20.000 Mitarbeitern. Produktion: Fabia, Rapid und Octavia; 3-Zylinder-Motoren, TSI-Turbomotoren für ŠKODA und andere Marken der VW Gruppe; MQ-100- und MQ-200-Getriebe, Radachsen und andere Fahrzeugkomponenten.

2. VRCHLABÍ
Der kleinste der drei Produktionsstätten von ŠKODA in der Tschechischen Republik mit ca. 1.000 Mitarbeitern. Täglich werden

DOMOV JE TAM, KDE JE SRDCE TŘI ČESKÉ VÝROBNÍ ZÁVODY AUTOMOBILKY ŠKODA

1. MLADÁ BOLESLAV
Ústředí společnosti, hlavní výrobní centrum a také domov oddělení technického vývoje s více než 20 000 zaměstnanci. Vyrábí se zde modelové řady Fabia, Rapid a Octavia; 3 space válcové motory, přeplňované motory TSI pro automobily ŠKODA a ostatní značky koncernu Volkswagen, převodovky MQ 100 a MQ 200, nápravy a jiné komponenty automobilů.

2. VRCHLABÍ
Nejmenší ze tří výrobních závodů automobilky ŠKODA v České republice se

1,000 employees. Production: around 2,000 DSG automatic transmissions a day for the entire VW Group.

3. KVASINY
Newest of ŠKODA's three factories in the Czech Republic, with around 4,500 employees. Production: Superb, Superb Combi, Yeti, and KODIAQ. The Kvasiny plant is currently undergoing the largest modernization and expansion in its history, for which ŠKODA will be investing around seven billion crowns. Over the coming years, the production capacity will increase to 280,000 vehicles per year. Up to 1,300 new jobs will be created in order to achieve this.

ca. 2.000 DSG-Automatikgetriebe für die gesamte VW Gruppe produziert.

3. KVASINY
Das neueste der drei Werke von ŠKODA in der Tschechischen Republik mit ca. 4.500 Mitarbeitern. Produktion: Superb, Superb Combi, Yeti und KODIAQ. Der Standort Kvasiny wird derzeit umfangreich modernisiert und erweitert. Dafür investiert ŠKODA ca. sieben Mrd. Kronen. In den nächsten Jahren wird die Produktionskapazität auf 280.000 Fahrzeuge pro Jahr ansteigen. Um dieses Ziel zu erreichen, werden bis zu 1.300 neue Stellen geschaffen.

zhruba 1000 zaměstnanci. Vyrábí se zde přibližně 2000 automatických převodovek DSG denně pro celý koncern VW.

3. KVASINY
Nejnovější ze tří výrobních závodů automobilky ŠKODA v České republice s přibližně 4500 zaměstnanci. Vyrábí se zde modely Superb, Superb Combi, Yeti a KODIAQ. Závod v Kvasinách prochází v současné době nejrozsáhlejší modernizací a rozšířením ve své historii; automobilka ŠKODA do něj investuje okolo sedmi miliard korun. V příštích letech se očekává zvýšení výrobní kapacity na 280 000 vozidel za rok. K tomu bude potřeba vytvořit až 1300 nových pracovních míst.

ŠKODA

DRIVEN BY DESIGN

IMPRINT
DRIVEN
BY DESIGN

ŠKODA AUTO a.s. – Marketing and Product
Stefan Büscher
Thanh Vu Tran
Hana Martínez

ŠKODA AUTO a.s. – Design
Design team ŠKODA AUTO a.s.

Coordination
C3 Creative Code and Content s.r.o.,
Prague, Czech Republic

Concept and text
C3 Creative Code and Content GmbH
Elmar Brümmer

Concept and design
C3 Creative Code and Content GmbH
Patrick Amor

Translation and typesetting
RWS Group Deutschland GmbH

Photography
Goran Tacevski
Per Gosche

Lithography
Wagnerchic*Digital Artwork

Published by teNeues Publishing Group

teNeues Media GmbH & Co. KG
Am Selder 37, 47906 Kempen, Germany
Phone: +49-(0)2152-916-0
Fax: +49-(0)2152-916-111
e-mail: books@teneues.com

Press department: Andrea Rehn
Phone: +49-(0)2152-916-202
e-mail: arehn@teneues.com

teNeues Publishing Company
7 West 18th Street, New York, NY 10011, USA
Phone: +1-212-627-9090
Fax: +1-212-627-9511

teNeues Publishing UK Ltd.
12 Ferndene Road, London SE24 0AQ, UK
Phone: +44-(0)20-3542-8997

teNeues France S.A.R.L.
39, rue des Billets, 18250 Henrichemont, France
Phone: +33-(0)2-4826-9348
Fax: +33-(0)1-7072-3482

www.teneues.com

ISBN 978-3-96171-003-4

Printed in 2017

The Deutsche Nationalbibliothek lists this publication in the Deutsche Nationalbibliografie; detailed bibliographic data are available on the Internet at http://dnb.dnb.de

teNeues Publishing Group
Kempen
Berlin
London
Munich
New York
Paris

teNeues